物联网新型基础设施应用实践

程多福　郭楠　卓兰　杨宏　韩丽　郭雄　编著

电子工业出版社·

Publishing House of Electronics Industry

北京·BEIJING

内容简介

本书为推动我国物联网新型基础设施建设，掌握物联网产业发展和应用现状，梳理新基建下的物联网标准化需求，共收录了 18 个物联网在细分领域中的应用案例，从项目概况、项目方案、项目创新点和实施效果等多个方面进行了案例解读，全面展示了不同行业对物联网应用的探索路径与取得的成果效益。根据物联网应用领域，本书分为 3 篇：公共设施篇、工业篇、消费篇，概述物联网产业发展与标准化工作，结合我国物联网产业和应用现状，顺应物联网新基建的建设需求，分析总结物联网应用与标准化的问题挑战，提出相关建议，为下一步物联网标准化工作明确方向。

本书可供物联网整体规划和建设者、物联网标准化工作人员、物联网行业解决方案提供者、软硬件开发人员、科研人员、物联网新型基础设施工程技术人员学习、参考。

图书在版编目（CIP）数据

物联网新型基础设施应用实践 / 程多福等编著．—北京：电子工业出版社，2021.6
ISBN 978-7-121-41338-4

Ⅰ．①物…　Ⅱ．①程…　Ⅲ．①物联网－基础设施－研究　Ⅳ．① TP393.409 ② TP18

中国版本图书馆 CIP 数据核字（2021）第 113772 号

责任编辑：王羽佳
印　　刷：北京天宇星印刷厂
装　　订：北京天宇星印刷厂
出版发行：电子工业出版社
　　　　　北京市海淀区万寿路 173 信箱　　邮编　100036
开　　本：720×1 000　1/16　印张：9.75　字数：250 千字
版　　次：2021 年 6 月第 1 版
印　　次：2021 年 6 月第 1 次印刷
定　　价：99.00 元

编委会

前　言

物联网作为对物理世界进行数据采集、传输、存储、处理和应用，构建全面感知和泛在连接的数字孪生社会，支撑社会经济数字化转型发展的信息基础设施，是我国现代化基础设施的重要组成部分，对稳投资、促消费、助升级、培植经济发展新动能等方面具有战略意义。"十三五"以来，物联网应用需求全面升级，车联网、智慧健康、智能家居、智能硬件、可穿戴设备、工业物联网等应用需求日益凸显，驱动了物联网技术创新与规模化应用取得显著进展。

2018 年，中央经济工作会议首次提出"加强人工智能、工业互联网、物联网等新型基础设施建设"。2020 年以来，为统筹做好新冠肺炎疫情防控和经济社会发展工作，党中央、国务院多次提到要加快"新基建"部署步伐。为进一步落实党中央、国务院关于新型基础设施的相关指示精神，全面推动物联网新型基础设施的建设，实现产业数字化和数字产业化。中国电子技术标准化研究院依托全国信标委物联网分技术委员会秘书处与成员单位收集了 18 个优秀物联网应用案例，从项目概况、项目方案、项目创新点和实施效果等多个方面进行了案例解读。此次收集的物联网应用案例覆盖了环保、医疗、养老、安防、能源、交通、家居、工业、林业、城市建设等多个应用领域，包含物联网感知终端、通信、平台等关键技术，旨在及时总结和宣传推广一批好的经验和做法，为行业企业提供可复制的经验和模式，为推动物联网新型基础设施建设起到积极的推广示范作用。

本书的编写参考了大量公开发布的相关技术资料，吸取了许多专家和同仁的宝贵经验，在此向他们深表谢意。

由于本书成稿时间较短，书中误漏之处难免，望广大读者批评指正。

编　者

2021 年 1 月

目　录

‖ 工 业 篇

Ⅱ　消　费　篇

物联网产业发展与标准化概述

——中国电子技术标准化研究院

物联网是通过对物理世界进行数据采集、传输、处理和应用，构建全面感知和泛在连接的数字孪生社会，支撑社会经济数字化转型发展的信息基础设施。我国自 2010 年将物联网列为战略性新兴产业写入国家政策文件以来，经过十年的发展，物联网在技术、产业和标准等方面取得了显著的成果。2018 年 12 月中央经济工作会议将物联网战略定位提升至新型基础设施，尤其是在当前全球经济增速放缓和新冠肺炎疫情全球流行的最新形势下，物联网对于培育壮大发展新动能、构建现代化经济体系、实现经济高质量发展具有重要的战略意义。本文对物联网领域的发展现状和存在的问题进行深入分析，并提出了相关工作建议。

（一）发展现状

1. 国内物联网产业市场空间前景广阔

据工业和信息化部数据显示，2020 年底我国物联网市场规模将达到 1.8 万亿元人民币。物联网细分行业领域市场蓬勃发展，预计到 2020 年底，智能家居市场规模将达数千亿元，车联网市场规模有望达到 4500 亿元，能源物联网核心产业的规模达 3000 亿元。同时，下游新兴应用也拉动了上游关键部件的规模化量产。以共享单车为例，摩拜等共享单车应用催生了管理千万级终端的物联网平台，同时也给 NB-IoT 芯片、模组等企业带来了新一轮的批量出货。

2. 物联网行业应用领域需求持续升级

目前，物联网的行业渗透率低，传统行业转型需求和市场消费需求成为我国物联网发展的两大核心驱动力。以公共事业中表计为例，截至 2019 年 11 月，NB-IoT 燃气表和水表连接数均破千万，但渗透率仍不足 8%，华泰证券预计

2020 年表计需求量有望达到 2200 万和 1500 万，而后仍有 1.16 亿燃气表和超 3 亿水表替换需求。再以消费领域中的智能家居为例，智能音箱作为智能家居场景中的中控设备，成为消费物联网中的一大爆品，据艾瑞咨询统计数据，2019 年底中国智能音箱累计出货量超过 7200 万台。尽管如此，国内智能家居市场渗透率仍然不足百分之五，市场潜力巨大。

3. 产业供给能力稳定发展

传感器、芯片、模组、通信技术、设备、操作系统、平台等企业呈初步壮大的竞争态势，供应链成熟度持续提升。传感器产业形成四大聚集区，其中长三角企业最多，占比超过 50%，头部企业有瑞声科技、士兰微等。芯片产业取得了突破性进步，广域网通信芯片基本实现自主供应，拥有广芯微、华为海思、移远通信等多家技术成熟的企业。模组产业在国际市场占据一席之地，据华经产业研究院发布的《2019—2025 年中国蜂窝通信模组行业市场前景预测及投资战略研究报告》显示，国内日海智能与移远通信共占 40% 以上的国际 NB-IoT 通信模组市场份额，位居世界前两名。通信技术向着有序化、规模化的方向发展，5G 和低功耗广域网在运营商的推动下与产业和标准协同发展。物联网操作系统呈现百花齐放的态势，比如华为的鸿蒙操作系统面向全场景的多种终端设备，AliOS 致力于搭建云端一体化 IoT 基础设备。物联网平台与国际并驾齐驱，Gartner 发布的 2020 全球物联网市场竞争格局报告显示，阿里云 IoT 平台凭着产业格局、技术优势、生态布局等挤进世界前十。

4. 物联网标准化工作取得进展

我国物联网标准化工作起步较早，2009 年以来先后成立传感器网络标准工作组、国家物联网基础标准工作组和物联网分技术委员会，国际对口分别为 ISO/IEC JTC1/WG7、WG10 和 SC41。通过上述标准化组织的努力，物联网标准体系已初步建立，发布或在研的物联网国家标准主要涵盖传感器网络、RFID、标识、安全、评价、应用支撑、细分领域应用等。在短距离通信标准方面，我国发布了可见光通信、低功耗广域网等标准，可满足物联网的通信需求。ISO/IEC JTC1/SC 41 国际标准化工作中，我国专家承担 1 个工作组召集人、5 个研究组召集人职务，主导或参与国际标准（含技术报告）20 项，推动物联网参考系统结构、互操作、边缘计算等重点标准发布。除此之外，我国专家也积极参与 ITU-T 物联网及其应用（包括智慧城市和社区）研究组、IEEE 中 P2413 工作组的物联网体系结构框架标准项目以及 OCF 等标准组织工作。

（二）存在的问题

1. 产业配套能力尚不能自给自足

物联网产业链上下游总体发展不均衡，呈现重系统轻芯片、重集成轻基础研究的态势。高端芯片、传感器、仪器仪表等物联网核心部件与设备的设计、制造相关配套能力亟待加强。目前，我国尚无一套完整自主知识产权的芯片设计 EDA 软件，美国的 Cadence、Synopsys 和西门子旗下 Mentor Graphics 三家公司几乎垄断了国内 EDA 软件市场；优于 40nm 工艺的精密芯片光刻机和中高端 MEMS 传感器严重依赖进口。高端测量仪器大部分来自国外，诸如美国是德科技、德国化罗德与施瓦茨等多家外企占据主要市场。据行业协会以及海关数据估计，2017 年我国通用电子测量仪器市场进口设备销售额达 400 亿元。频谱分析仪、网络分析仪、射频信号源、数字示波器等产品近年来的进口量也明显增加。

2. 构建全球物联网产业生态的话语权较弱

全球物联网产业布局和生态构建正在加速展开，国外巨头企业纷纷以平台为核心构建产业生态，通过兼并整合、开放合作等方式增强产业链上下游资源整合能力，在企业营收、应用规模、合作伙伴数量等方面均大幅领先。国内企业虽参与其中，但话语权和影响力较弱。例如，2019 年 12 月 18 日，亚马逊、谷歌、苹果以及 ZigBee 联盟合作成立了 CHIP（基于 IP 的互联家庭）项目，共建智能家居生态，然而 CHIP 工作组由美国公司主导，我国企业只是跟踪参与。随着我国物联网产业和应用加速发展，产业生态构建能力不足的问题日益突出，缺少整合产业链上下游资源、引领产业协调发展、构建产业生态的联合体。

3. 物联网国际标准化形式严峻

随着全球物联网产业规模显著增大，越来越多的国家和地区更加看重物联网国际标准化的影响力，尤其是一些国家借助本土联盟的优势，大大缩短标准的制定周期，使得我国在物联网国际标准化领域的先发优势逐渐消退，形势日趋严峻。例如，美国借助开放互联基金会（OCF）、用于过程控制的对象连接与嵌入（OPC）基金会等联盟在国际标准化组织的可公开提供的规范（PAS）提交者身份，通过简单多数投票后，可直接将联盟标准转化为 ISO、IEC 国际标准。电气电子工程师学会（IEEE）利用与 ISO 签订的标准发展合作组织

（PSDO）合作协议，可通过快速程序推动 IEEE 标准直接进入国际标准草案（DIS）投票阶段。在物联网国际标准化竞争日益激烈的形势下，这种快速通道缩短了技术讨论时间，减少标准制定阻力，使我国专家在物联网国际标准化的话语权大大降低。

（三）工作建议

1. 加大技术投入补齐产业链短板

针对智能感知、网络通信芯片、物联网操作系统等领域关键核心技术和基础共性技术开展集中攻关，推进物联网产业基础高级化。加大半导体材料、芯片设计、制作工艺等方面基础性研究和投入，重点突破高精度小型化传感芯片工艺的自主创新。加快开展物联网操作系统内核、互联互通、安全、低功耗等核心技术研发，尤其是人工智能、5G 等技术的融合创新，重点开展物联网操作系统对 5G 协议的支持、人工智能芯片的适配以及边缘计算处理数据的融合等。通过资金支持、技术孵化、协同创新等多种方式，打通科技、金融、产业和成果转化，开展科技成果中试熟化。

2. 发挥行业协会和联盟的标准化和检测服务能力

对于技术迭代比较快、创新性高的垂直领域，发挥行业协会与联盟的影响力。比如在燃气、健康等领域，用好行业协会的组织能力，鼓励行业协会和龙头企业联合产业链上下游企业，探索开放合作、协作生产、成果共享机制，加速标准研制进度，同步开展标准符合性测试与检测服务，推动技术和产品的一致收敛。

3. 利用标准化手段保护原创技术

加强中央和地方各级政府的对原创技术标准化激励政策引导，发挥政府在民生项目、重点项目设备采购上的政策功能，鼓励采用创新力强、效果显著的自主标准作为采购依据，全方位调动企业参与标准制定的积极性。统筹资源配置，建设国家标准、行业标准和团体标准协调配套标准群，针对物联网产业迫切的标准化需求，鼓励社会团体制定团体标准，在适宜的时机转化为国标或行标，加速原创技术和自主标准走向市场的步伐。

4. 发挥主动性积极开展对外合作交流

利用双多边国际合作机制，积极推动物联网领域国际交流合作，依托政府间对话机制，深化物联网技术、标准和应用示范的合作。积极完善国际区域物联网标准化合作机制，利用一带一路、东盟、APEC、金砖五国等推动盟友国家积极参与 ISO、IEC、ITU 国际标准化组织的物联网标准制定。支持我国物联网企业积极开展国际市场布局，参与国际标准制定，抢占国际竞争制高点。

I

公共设施篇

案例1：面向物联网的标准验证和检测公共服务平台

发挥公共服务能力，助推物联网新型基础设施建设
——中国电子技术标准化研究院

（一）项目概况

面向物联网领域的标准验证和检测公共服务平台是由中国电子技术标准化研究院牵头的2019年产业技术基础公共服务平台项目。本平台是贯彻落实《物联网发展专项行动计划（2013—2015）》《物联网发展规划（2016—2020年）》和2018年中央经济工作会议推动物联网、工业互联网等新型基础设施建设等政策举措，面向物联网产业的终端设备商、系统集成商、服务应用提供商等行业需求，提供标准研制、标准符合性测试、新技术验证与测试、评价评估、计量、咨询培训、知识产权等服务，为物联网产业打造一站式综合服务平台，实现对物联网领域的上下游企业资源整合，完善我国物联网产业技术基础体系，提升工业基础服务能力，保障物联网产业创新发展和行业质量提升。

1. 项目背景

我国非常重视物联网产业发展的战略政策规划和实施指南纲要。"十二五"和"十三五"期间，国务院、工信部、发改委等纷纷出台物联网发展规划、指导意见和行动计划等系列性的指导文件。当前我国物联网进行了"跨界融合、集成创新和规模化发展"的攻坚时期，数以万亿计的物联网终端设备将接入网络并产生海量数据，人工智能、边缘计算、区块链等新技术加速与物联网结合，应用热点迭起。面对重大的发展机遇，来自通信、软件、互联网等产业巨头纷纷强势入局，生态构建和产业布局正在全球加速展开。以物联网为代表的新一代信息技术成为重建工业基础性行业竞争优势的主要推动力量，物联网持续创新并与传统行业融合，推动传统产品、设备、流程、服务向数字化、网络化、智能化发展，加速重构产业发展新体系。

在此发展背景下，迫切需要建立统一的面向物联网领域的标准验证和检测公共服务平台，通过提供统一的综合测试、验证和标准符合性检验服务促进物联网行业的大规模推广。

2. 项目简介

面向物联网领域的标准验证和检测公共服务平台针对物联网终端设备商、系统集成商、服务应用提供商等产业链，提供一站式综合服务。物联网领域的标准验证和检测公共服务能力建设主要包括基础通用检测能力、面向典型应用场景的测试能力和新技术验证能力，以及将研究成果固化为标准规范、专利和相关研究报告等形式的转化能力，基于上述能力达到为物联网产业提供一站式综合服务的目的，推广标准咨询、检测与计量、评价评估、技术咨询、知识产权服务和培训等公共服务，支撑和加快物联网领域相关标准的测试验证业务，推动跨界技术融合创新与集成应用。

3. 项目目标

本项目拟开展面向物联网领域的标准验证和检测公共服务平台建设将提供协议一致性测试、终端功耗分析评估、系统评价评估和新技术验证与标准测试等四个方面物联网测试验证服务，一是提高物联网终端设备的标准符合性；二是提升物联网终端功耗和物联网系统的评价评估能力；三是推广物联网新技术的验证与推广应用；四是推动物联网的标准测试和系统评价评估的典型应用示范，最终带动物联网产业生态的健全完善。

（二）项目方案

本项目整合了多个与物联网领域相关的不同专业，如网络通信技术、感知控制技术、信息处理技术以及安全管理技术等。建设覆盖物联网终端、系统、应用的标准协议一致性、安全可靠性、功耗分析、异构系统集成、互联互通等方面的测试验证方法、工具集和用于测试验证的数据库，并搭建一个面向边缘智能新技术标准验证和互联互通验证的测试床，为新技术研制提供支撑和参考。针对物联网标准验证和检测的多样化和复杂性的需求，打造一套技术领先、应用广泛、规划前沿的物联网标准验证和检测公共服务平台，提供基础通用检测能力、面向典型应用场景的测试能力、新技术验证能力、一站式综合服务能力，并向终端设备商、系统集成商、服务应用提供商等用户进行推广应用。

1. 整体架构

本平台的设计与研究整体围绕物联网领域的标准验证和检测公共服务平台提供的基础通用检测能力、面向典型应用场景的测试能力、新技术验证能力以及标准规范、发明专利和研究报告的成果固化能力，最终提供一站式综合服务能力。通过参考各类物联网测试验证平台成功的建设案例，形成了包含基础支撑层、典型应用环境层、检测支撑层、测试工具层、验证和检测公共服务门户和公共服务层的平台建设方案。本验证和检测公共服务平台建设方案是针对物联网领域的终端、系统、应用的标准符合性测试需求，产品安全可靠性测试需求，应用和系统稳定性测试需求等，提供标准咨询、检测与计量、评价评估、技术咨询、知识产权和培训等服务，通过测试验证平台的应用推广，支撑和加快物联网领域相关标准的测试验证业务，平台总体设计方案如图1-1所示。

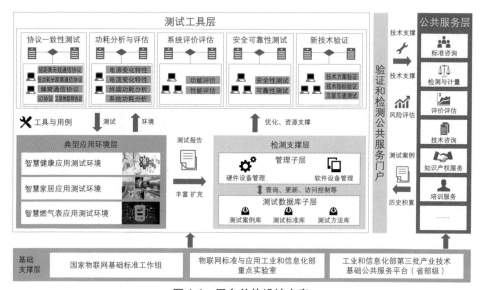

图1-1　平台总体设计方案

物联网领域的标准验证和检测公共服务平台包括基础支撑层、典型应用环境层、检测支撑层、测试工具层、验证和检测公共服务门户和公共服务层，整体为物联网标准测试验证提供支撑。

（1）基础支撑层

依托国家物联网基础标准工作组、物联网标准与应用工业和信息化部重点实验室、工业和信息化第三批产业技术基础公共服务平台，为物联网领域相关标准咨询、专利及软件著作权申请，知识产权、新技术验证，以及为培训提供基础支撑。

（2）典型应用环境层

通过建立智慧健康、智能家居和智能燃气表等物联网典型应用测试环境，开展系统功能性能评价、终端功耗评估和安全可靠性测试验证。

（3）检测支撑层

公共服务平台中的检测支撑层包括平台的管理子层和测试资源子层。管理子层主要是对软硬件设备进行审查和管理。测试资源子层主要由测试案例库、标准库、方法库三项数据库构成，数据库可以促进知识与经验的积累，优化完善物联网测试和评价服务，在整个公共服务平台中起到基础支撑作用。

（4）测试工具层

测试工具层主要由协议一致性测试、功耗分析与评估、系统评价评估、安全可靠性测试和新技术验证等工具集构成，是形成有效监测能力的核心所在，也是检测技术水平高低的直观体现。通过协议一致性测试可以为物联网终端提供多种通信协议的一致性测试服务，探索 5G 和卫星物联网新型通信协议的一致性测试。物联网终端功耗分析系统，全面评估不同工作状态及环境下终端功耗，为物联网的具体应用场景下低功耗解决方案的选取提供技术支撑和咨询。搭建物联网系统评价评估体系，开展功能和性能评估，为优化物联网系统建设方案提供咨询服务。针对物联网产品进行安全可靠性测试，保障公共服务平台安全可靠稳定运行。通过搭建边缘智能测试床实现新兴技术方案、技术指标验证和互联互通测试。

（5）验证和检测公共服务门户

验证和检测公共服务门户包括标准符合性测试、评价评估、新技术验证、培训服务和知识产权等公共服务平台相关的服务，对外提供在线受理和数据库相关测试服务信息。

（6）公共服务层

针对物联网领域的标准验证和检测全方位、扁平化业务流程以及数据全面互联互通的需求，面向终端设备商、系统集成商、服务应用提供商等客户群体，公共服务层提供标准咨询、检测与计量、评价评估、技术咨询、知识产权和培训服务等一站式综合服务。

2. 涉及到的物联网技术

本项目拟开展物联网低功耗长距离蜂窝通信、短距离无线通信、边缘计算和 5G、卫星通信物联网等共性技术研究，从功能完整性、性能符合性、协议标准符合性、兼容性、安全可靠等方面评估物联网终端、系统和应用，并为后期检测环境、方法、工具的开发提供依据。

3. 技术路线

本项目的技术路线从技术和产业实际出发，以解决产业需求为目的，包括调研、能力建设、业务集成及推广应用四个阶段，如图 1-2 所示，达到对外提供标准咨询、检测与计量、评价评估、技术咨询、成果转化和培训服务的一站式综合服务的目的。

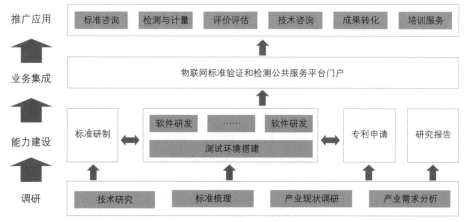

图 1-2 项目技术路线图

① 调研：本项目实施之初，我们对物联网技术及测试技术进行深入研究，选取合理的技术方案；对现有国内外标准进行梳理，尤其是技术和测试标准；对物联网产业采取多样化的调研手段，摸清产业发展现状；对物联网标准验证和检测的产业需求进行系统分析；为物联网标准的验证和检测技术研究提供理论基础。

② 能力建设：借助于国家物联网标准组织平台，以项目团队为核心开展物联网检测标准的研制；搭建物联网标准符合性测试环境，研发协议一致性测试工具集、功耗分析评估系统软件、系统评价评估软件、安全可靠验证软件等；申请相关发明专利，编写知识产权分析报告。

③ 业务集成：通过物联网标准验证和检测公共服务平台门户网站实现标准咨询、检测与计量、评价评估、技术咨询、知识产权和培训业务的集成，统一对外提供服务。

④ 推广应用：开展多渠道或多形式的推广活动，借助标准化组织、联盟或者各地物联网协会等组织开展宣传推广；通过论坛、测试开放日、发布出版物等多种形式推广物联网标准验证和检测公共服务平台。

（三）项目创新点和实施效果

1. 项目先进性及创新

项目技术路线充分考虑向外提供标准验证、标准符合性检测、知识产权服务等公共服务能力的目标，从物联网新技术、物联网终端设备、物联网系统等方面着手，提供全方位一体化的服务。本项目技术路线具有先进性的特点，主要体现以下几个方面。

标准研制方面，以现有的技术标准、测试标准为基础，以全国信息安全标准化技术委员会物联网分技术委员会和国家物联网基础标准工作组为平台开展标准技术方案讨论、审查等。测试类标准的研制过程中首先考虑对现有标准的引用，通过充分实验验证保证方法的可行性和判决指标的合理性。

测试工具开发和测试系统实现方面，以现有的传感器网络协议测试、短距离无线通信射频和协议测试、智能家居互联互通场景为基础，测试框架制定和测试实例实现以 GB/T 17178《信息技术开放系统互连一致性测试方法和框架》系列国家标准为理论基础，充分利用通用模块化基础平台资源，建立测试资源数据库，综合考虑协议一致性、互操作性、系统评估一体化服务能力。

测试实施技术路线方面，首先严格以测试规程为依据，以客观数据为主，建立测试资源数据库，并支持动态更新。互操作性测试以一致性测试通过为基础，基础性测试能力与面向典型应用场景的应用测试之间具有双向输入的机制。新技术验证测试具备为基础测试系统和分析评估系统提供测试方法、判决指标的输出能力。从而保证项目建设的公共服务平台具备面向技术、产品、系统提供测试、评估、成果转化等能力。

服务推广技术路线方面，通过软服务（人才培养、成果转化、培训服务）和硬服务（测试、分析、评估）相结合的方式提供一站式综合服务能力，充分利用项目联合体主导的联盟（中国智能制造系统解决方案供应商联盟、中国人工智能开源软件发展联盟等）开展知识产权分析和培训服务，利用国内标准技术组织（国家物联网基础标准工作组、全国信息安全标准化技术委员会）及国际标准技术组织（传感器网络工作组、ISO/IEC JTC1/SC41 等）等组织，向国际上输出我国物联网标准化成果，提供物联网产业链全流程服务。

2. 实施效果

面向物联网领域的标准验证和检验公共服务平台建设旨在通过建设基础通用测试、典型应用测试和新技术验证的能力，及标准规范、专利和软件著作权和研究报告的固化成果能力，提供标准咨询、检测与计量、评价评估、培训、成果转化、技术咨询等服务。本项目建成后将对物联网产业高质量发展提升效果显著，具体表现如下。

（1）推动物联网应用规模化发展

物联网的发展一直面临着碎片化、应用规模小的问题，公共服务平台通过协议一致性测试、功耗分析评估、安全可靠性测试等手段，缩减研发周期，降低研发实验成本，使物联网终端设备和应用系统进行有效地连通，为物联网应用大规模的发展提供重要的支撑；通过系统评价、评估等工作的开展，为物联网应用系统的实施部署提供指导，形成可复制、可推广的模式，为物联网应用大规模的发展提供有效的途径。

（2）促进物联网产业规范化发展

物联网自诞生之日起面临着多种通信协议的选择，从短距离无线通信技术到当前的低功耗广域网，每一种技术都存在多种技术方案，由于标准的缺失，导致即便同一种技术方案也存在互联互通的难题，公共服务平台通过制定测试标准、开展标准符合性测试，发挥标准的最大价值，促进物联网产业规范化发展。通过研究国内外物联网领域知识产权服务机制，摸清国内外在该领域的具体情况，加快实现知识产权成果转化。

（3）加快传统产业的智能化改造和转型升级

当前物联网的发展进入与传统产业深度融合发展的新阶段，物联网技术的应用不仅体现在改变了原有传统行业中的产品使用习惯，通过物联网技术加装了智能的翅膀，同时也衍生出新的应用模式，改变了原有传统产业的发展和盈利模式，比如，燃气表由原有的人工抄表，演进为远程自动抄表；智能家居产业原来的制造商，演进为基于智能家居的服务提供商；健康产业由原有的"被动健康"，演进为通过便捷物联网终端设备进行随时随地的"主动健康"，由此也带来了健康产业的变革。无疑物联网的发展给传统产业的发展变革带来了无限可能，而物联网公共服务平台的建成给无限可能安装了加速器。

案例2：AI CITY 全域物联解决方案

全场景智慧物联夯实下一代智能城市数字底座
——特斯联科技集团有限公司

（一）项目概况

AI CITY 全域物联解决方案是特斯联科技集团有限公司（以下简称特斯联）研发的物联网平台项目。本平台是特斯联针对下一代智能城市的"新基建＋物联"需求开发的物联网平台。其面向下一代智能城市各种建设和运营参与方的物联网平台需求，为下一代智能城市通过打造全域物联解决方案，提供物联网服务；是解决城市级统一物联管理需求的产品，通过提供物联网连接与设备管理服务，实现对下一代智能城市全场景的物联网管理，完善我国智慧城市和物联网产业的技术基础体系，提升服务能力，保障物联网产业创新发展和行业质量提升。

1. 项目背景

传统的智慧城市一般采用总包分包的建设模式，该模式导致场景和数据的割裂、建设各自为政、信息孤岛、系统重复开发等问题。特斯联 AI CITY 作为一体化的智能城市将城市智能化的方案链条缩短，实现规划、设计、建设、运营的统一。AI CITY 于 2020 年年中发布，通过从顶层设计到规划、建设、运营全面实现对智慧城市的重塑。实现对整个城市实体与硬件单元的重新定义，通过 TACOS（TERMINUS AI CITY Operation System，特斯联智能城市操作系统）（以下简称 TACOS 系统）打通城市全场景的数据和应用生态，实现城市的全面智能化、决策自动化和持续的升级进化。而支撑这些智能化应用的基础，正是TACOS 系统的物联网平台部分所提供的城市级全域物联能力。

而同时，下一代智能城市涵盖了城市中各种应用场景和数字化基础设施。面向这些场景，所需接入的各种物联网设备的数量相比以前呈现几何级数增长。物联网设备接入的类型更复杂、数量更多。因此，通过 TACOS 系统的物联网平台实现城市级物联网设备的统一管理，是一个艰巨的任务。

2. 项目简介

该方案是特斯联 AI CITY 产品的核心——TACOS 系统的关键组成部分，

面向下一代智能城市的全场景物联设备统一接入管理的需求；服务对象为智慧城市各种建设和运营参与方，针对不同客户提供不同功能和权限的物联设备管理服务。方案以 IoT 平台为核心，包含感知控制、服务开发和应用管理三大板块，提供物联网设备端到端的全栈式管理服务，具体包含：终端管理、连接管理、应用开发和数据分析功能，有效实现了"IoT+AI+BigData"三位一体的技术栈落地。方案还会将研究成果固化为标准规范、专利和相关研究报告的形式，推广物联网应用服务落地，支撑和加快下一代智能城市领域相关物联网数据和接入标准的落地，推动智慧城市场景下跨界技术融合创新与集成应用。

3. 项目目标

考虑下一代智能城市建设和运营过程中面临的首要挑战，本项目拟首先从感知控制、服务开发和应用管理三个层面给出城市级物联网解决方案。一是在感知控制层面实现设备的连接与管理；二是在服务开发层面提供数据分析和应用开发能力；三是在应用管理层面提供业务应用开发能力，最终实现全场景统一物联管理。为城市上层业务应用提供物联网支撑。带动物联网产业的全面发展。

（二）项目方案

本项目整合了多个物联网相关专业，如网络通信技术、感知控制技术、信息处理技术及安全管理技术等。针对下一代智能城市建设全场景的物联网平台（属于 TACOS 系统的数字底座部分）所面临的多样化和复杂物联设备管理的需求，提供物联网设备端到端的全栈式管理服务能力。并向物联网终端设备商、系统集成商、服务应用提供商等上下游相关企业和政府部门等用户进行推广应用。

1. 整体架构

方案核心是 TACOS 系统的 IoT 平台，平台基于物联网、云计算、大数据和人工智能技术，在云端集成微服务，提供物联网设备管理服务能力。

IoT 平台向下连接海量设备，支撑设备数据采集；向上提供云端 API，服务端通过调用云端 API 将指令下发至设备端，实现远程控制。平台提供了一站式的设备接入、设备管理、监控运维、数据流转、数据存储等服务，能够快速实现对 IoT 数据的采集、传输与分发，同时支持公有云、私有云、物理机、容器/K8S 等方式进行灵活部署。IoT 平台在整个系统中所处的位置如图 2-1 所示。

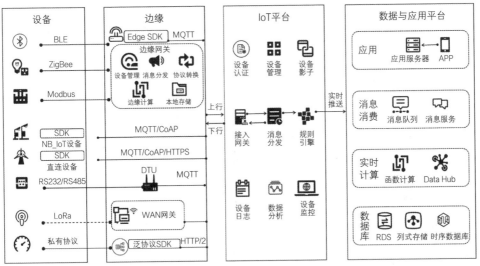

图 2-1 IoT 平台与整个系统

在设备端连接方面，基于业内主流物联网协议 MQTT，平台具有低功耗、消息实时到达等优点。边缘侧作为重要的数据节点和设备管理节点，实现对前端物联网设备的物理汇聚、统一管理。平台本身支持线性动态扩展，可支撑亿级设备同时连接、百万级并发。整个通信链都以 RSA/AES 加密，保证数据传输的安全。

IoT 平台的技术架构如图 2-2 所示。

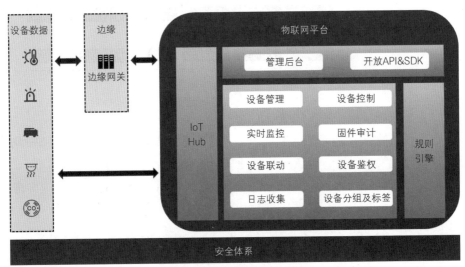

图 2-2 IoT 平台的技术架构

在 IoT 平台内部通过 IoT Hub 提供安全、稳定、高效的连接平台，帮助开发者低成本、快速地实现"设备－设备""设备－用户应用""设备－云服务"之间可靠、高并发的数据通信。通过规则引擎中规则的配置，将设备数据调度到各种存储设备，也可将数据发送到第三方的消息队列和服务总线，支持设备到设备联动，并通过可视化界面实现规则的设置和管理。在安全体系支撑上，平台将为每个设备颁发唯一的证书，依赖证书才能连接到云平台。同时，提供设备级的授权粒度，授权只对单用户、单设备生效，确保只有通过授权的用户，才能对该设备进行操作。

而站在整体智能城市应用完整解决方案的角度，在平台建设上，主要由感知控制层、服务开发层和应用管理层综合构成。感知控制层包含连接管理平台和设备管理平台；服务开发层包含数据分析平台和应用开发平台；应用管理层则由业务应用平台组成。平台总体方案框架如图 2-3 所示。

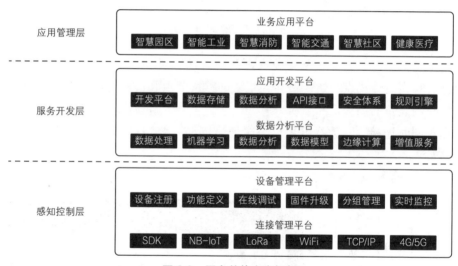

图 2-3　平台总体方案框架

（1）感知控制层

建立设备物联管理能力的基础，AI CITY 的线下物联网设备通过感知控制层实现统一的设备管理，包含连接管理平台和设备管理平台。

① 连接管理平台：通过该平台实现物联网设备的接入管理，支持丰富的接入形式，为应用开发提供了智能模块植入服务，通过完善的 SDK 服务能力，最大限度地降低了研发成本。

② 设备管理平台：包含产品生命周期管理功能，实现物联网设备的全寿命周期管理，提供包含设备注册、功能定义、在线调试、固体升级、分组管理、

实时监控在内的各种功能模块。同时支持从云端向智能终端发起固件升级。

（2）服务开发层

解决方案的核心能力为支撑上层应用，在平台层面提供应用开发支持和数据分析支持，包括数据分析平台和应用开发平台。

① 数据分析平台：提供全面的数据处理能力。并通过支持机器学习算法组件实现数据模型的训练；支持云端和边缘侧的数据库及算法的分仓管理，支持对不同边缘侧设备实现差异化管理。

② 应用开发平台：提供应用开发支持，为开发者提供完善的 API 接口服务，最大限度地降低物联网技术的开发门槛，帮助开发者接入物联网硬件。

（3）应用管理层

应用管理层主要为 TACOS 系统的上层业务应用提供业务应用层面的底层应用逻辑支持。业务应用平台为上层应用 SaaS 服务提供基于组件级的应用逻辑支撑。通过组合不同的组件，实现各场景智慧化服务的搭建。

2. 涉及的物联网技术

（1）多协议接入

在 AI CITY 中包含多样的智能化场景，支撑这些场景的关键在于在各个场景下部署的海量物联网设备，而这些场景中，涉及的物联网设备种类众多，涉及的接入协议众多，因此，物联网平台本身需要支持丰富的物联网协议接入。

在设备接入方面，具备多样化的能力，包括：

① 支持设备直接接入平台或者通过网关 / 边缘接入平台；

② 支持不同网络的设备连接，如固网、2G/3G/4G、5G、NB-IoT、LoRa 等；

③ 支持多种通信协议接入，如 MQTT、CoAP、LWM2M、HTTP、Modbus、OPCUA。

物联网设备接入服务（IoT Device Access）是物联网平台的核心服务，提供海量设备连接上云、设备和云端双向消息通信、批量设备管理、远程控制和监控、OTA 升级、设备联动等能力，并可将设备数据灵活流转到企业的其他服务，帮助物联网行业用户快速完成设备联网及行业应用集成。

平台很好地解决了设备接入复杂多样化和碎片化难题，提供了更丰富完备的设备管理能力，简化设备管理复杂性，节省人工操作，提升管理效率。

（2）边缘计算

在 AI CITY 中由于需要接入的物联网设备众多，从终端侧业务应用的响应时间的需求、数据安全性需求、前端智能应用的需求等角度，都需要边缘计算作为连接终端和平台的中间桥梁，起到承上启下的作用。通过边缘层的边缘计算设备，构成存 - 算 - 管一体的边缘侧能力。

在边缘计算产品布局上，特斯联作为最早布局边缘计算的厂商之一，当前已经构成完整的全栈边缘计算产品族。

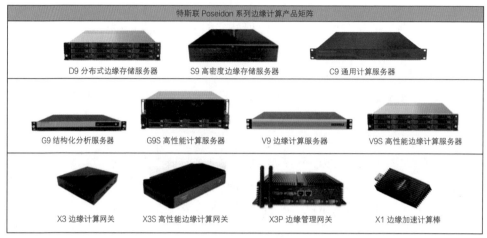

特斯联 Poseidon 系列边缘计算产品矩阵

D9 分布式边缘存储服务器　　S9 高密度边缘存储服务器　　C9 通用计算服务器

G9 结构化分析服务器　　G9S 高性能计算服务器　　V9 边缘计算服务器　　V9S 高性能边缘计算服务器

X3 边缘计算网关　　X3S 高性能边缘计算网关　　X3P 边缘管理网关　　X1 边缘加速计算棒

图 2-4　特斯联边缘计算产品族

上述边缘计算产品在方案中是整体网络拓扑的一部分，其所处位置如图 2-4 中"边缘"部分所示。其核心三大功能为：IO、Storage、Computing。

Storage：分级存储（软件定义存储、Block 块存储层、流式存储、对象存储、结构化存储、边缘数据安全）。

Computing：弹性算力（可插拔、业务定制、VPU+GPU、算法仓）。

IO：混合异构接入（有线无线、高低带宽、软件定义网络）。

3. 技术路线

本项目的技术路线从物联网技术和下一代智能城市的发展趋势出发，以为下一代智能城市提供全场景智慧物联管理服务为目的，包括前期调研、方案设计、业务落地及推广应用三个阶段。

① 前期调研：对物联网技术、大数据技术、人工智能技术、网络安全技术、智慧城市业务特点进行深入研究；对国内外技术及标准进行梳理；对智慧城市的物联网设备接入需求进行系统分析；开展技术和商业可行性分析。

② 方案设计：基于特斯联 AI CITY 项目的方案需求，开展具体的解决方案设计，针对场景中的物联网设备的接入需求，尤其是设备复杂度和设备接入量级、并发等需求，调整解决方案以适应各个场景的需求，开发对应的平台和产品，并申请相关发明专利，编写知识产权分析报告。

③ 业务落地及推广应用：通过特斯联 AI CITY 业务在全球范围的落地实现

解决方案的业务落地。开展相关销售和推广活动，借助标准化组织、联盟或各地物联网和智慧城市协会等组织开展宣传推广。快速实现推广复制，联合销售，将 AI CITY 全域物联解决方案打造为下一代智能城市的数字底座。

（三）项目创新点和实施效果

1.项目先进性及创新点

项目技术路线充分考虑面向下一代智能城市所需的技术前瞻性，面对接入的设备类型的复杂性和规模，支持各种主流协议的接入，稳定支持亿级设备长连接能力，支持百万级并发；提出可进化的 TACOS 系统理念，在 IoT 平台层面贯彻这一设计思路，采用远程可升级、持续迭代更新的方式实现平台的持续升级。

本项目技术路线具有先进性的特点，主要体现在以下几个方面。

（1）IoT Hub 物联网通信服务能力强

设备快速接入：基于 SDK、控制台或 API，无须关注底层通信协议细节，即可快速实现设备的接入和数据通信。

传输安全可靠：设备接入和数据传输引入网络安全传输协议，单个设备需要通过身份鉴权，拒绝非法接入，有效防范数据窃取、篡改等风险。

全天保障稳定：IoT Hub 后台服务具备自动容灾、负载均衡等能力，提供全天候的运维监控服务。

体系扩展灵活：基于规则引擎将设备数据和特斯联产品打通，可以方便快捷地实现海量设备数据的存储、实时计算及智能处理分析。

支持数据管理可视化：设备上报的大量数据图形可视化、场景化及实时交互，让用户更加方便地进行数据的个性化管理和使用。

投入成本低：一站式服务架构，减少研发人力成本和时间成本。

（2）有效集合特斯联边缘计算的优势

异构快速接入：通过边缘节点实现通用连接框架、设备快速接入。对非标准协议类设备，可在边缘节点通过 SDK 实现协议转换后接入云端。

边缘智能：部分需要获得快速响应的业务，可通过边缘智能实现终端侧的业务的智能升级，如无感通行、楼宇能源节能策略的快速响应等。

云边协同：可实现更快速的数据处理和分析，节省网络流量，使得本地数据得到更高等级的安全保护，实现边缘侧 AI 算法模型的快速迭代等。

同时，边缘智能是边缘节点在边缘侧提供的高级数据分析、场景感知、实时决策、自组织与协同等服务。边缘智能与云边协同两者结合紧密，密不可分。通过边缘智能实现前端数据的 AI 智能处理和设备边缘侧控制，以及边缘侧决策自闭环，催生新的场景应用。将分散的细分场景的管理通过边缘侧进行标准化。支持各类型物联设备、互联网数据、三方平台数据等异质异构网络和设备的组网与接入管理。实现数据分级结构化、分级分量存储、全链路数据安全、数据安全芯片底层安全机制。

2. 实施效果

AI CITY 全域物联解决方案实现了整个城市全场景的智慧物联，夯实了下一代智能城市数字底座。该解决方案依托特斯联 AI CITY 项目的推广，起到行业标杆作用，对智慧城市及物联网产业的全面发展起到显著的推动作用，具体表现在以下 3 个方面。

（1）推动物联网应用规模化发展

物联网的发展一直面临着碎片化、应用规模小的问题，本方案作为应用于城市级大规模场景的物联网解决方案，伴随特斯联 AI CITY 项目落地，将得到大规模的推广应用。其涉及的物联网设备管理的复杂度和智能化水平将有大幅度提升，形成可复制、可推广的模式，为物联网应用大规模的发展提供有效途径。

（2）促进物联网产业规范化发展

物联网自诞生之日起面临着多种通信协议的选择，由于标准的缺失，存在互联互通难题，AI CITY 全域物联解决方案通过 IoT 平台实现了各种接入和通信协议的广泛支持，将协议差异控制在接入层，让业务中台和上层应用开发简单便捷，对上层业务生态的标准化创造了先决条件，促进了物联网产业规范化发展。

（3）催生大量场景智慧化解决方案

统一的 IoT 平台为城市操作系统的业务中台和上层应用开发提供了标准化的数字底座，可以催生大量新的智能解决方案落地。这些方案在之前平台割裂的行业现状下是无法实现的，而统一的城市物联网平台为新智能化方案的孵化提供了全新支撑。推动了智慧城市向下一代依靠数据驱动的智能化城市的转型升级。

当前，该解决方案已经应用于特斯联的若干 AI CITY 项目，以重庆光大人工智能产业基地项目为先行者，作为领衔重庆 2020 年新基建的重点项目，占地 80 公顷，总建筑规模 120 万平方米，正在建设过程中。本方案涉及的云边端产品已深度整合，未来将通过该方案实现全场景的物联感知和数据采集。构建智能城市底座，打造通过数据驱动的下一代智能城市样板。

案例 3：面向环境监控的物联网应用示范

实时全面监测环境变化，为绿水青山搭建数字化屏障

——无锡物联网产业研究院

（一）项目概况

无锡市作为首批国家生态文明建设示范市，在"物联网＋环保"应用方面先试先行。2015 年，无锡市实施建设"感知环境、智慧环保"无锡环境监控物联网应用示范工程，着力破解生态环保信息化领域存在的难题。

项目采取"共性平台＋应用子集"建设模式，应用物联网先进技术和手段，将水、气、污染源等已建或新建系统进行串联、融合、打通，实现生态环境资源数据的集中整合、互联互通和开放共享，建立了全向互联的新型生态环境监测监控物联网体系，形成了无锡环保"大协同、大整合、大平台、大数据"布局，形成了传感器研发生产－标准制定－平台开发－分析应用－决策反控的"产、学、研、用"完整产业链，相关建设经验得到复制推广。

1. 项目背景

党的十八大确立了建设"美丽中国"的伟大目标，十八届三中全会提出建立资源环境承载能力监测预警机制的生态文明体系，无锡市将"形成全方位、全天候的环境预警和污染防控体系，实现生态文明建设水平走在全省乃至全国前列"作为"十二五"期间重要工作内容。同时无锡市正处于工业化后期和城市化建设加速期，面临的资源、环境压力巨大，环境形势依然十分严峻，环境保护基础建设比较薄弱。要实现"美丽中国"无锡篇章的伟大目标，必须积极探索环境保护新模式、新途径。环保物联网代表着环保产业的发展趋势，无锡作为感知中国中心，在研发环保物联网核心技术和推动环保物联网产业化、规模化发展方面有着良好的基础，通过物联网在环保领域的发展和应用，必将为提升环境保护和生态文明建设提供强有力的支撑。

2. 项目简介

在无锡市政府、无锡物联网产业研究院、无锡高科物联网科技发展有限公司、感知集团有限公司的努力下，"感知环境、智慧环保"无锡环境监控物联

23

网应用示范工程于 2015 年 3 月正式启动建设，总投资 3200 余万元。

项目应用"物联网 + 环保"的建设思路，在"共性平台 + 应用子集"的框架体系下，以环境资源目录为驱动，对环境要素、污染排放要素及环境风险要素进行全面感知和动态监控，形成环保物联网环境信息采集、业务共享交换和环境资源目录三项体系标准，搭建大数据、大平台、大整合和大协同的智慧环保支撑平台，体现管理数据化、数据资源化、资源智慧化的理念，形成国内领先的应用示范效应。

3. 项目目标

项目采用从环保物联网的感知互动层、网络传输层、基础支撑层、智慧应用层开展研发建设，基于物联网"共性平台 + 应用子集"架构设计，以"全面感知、标准引领、平台支撑、智慧应用"为主线，针对水体、大气、土壤、噪声、放射源、危险品、废弃物等几类典型环境监测对象，以达到"测得准、传得快、算得清、管得好"的建设目标。

（二）项目方案

1. 整体架构

项目参考 GB/T33474—2016《物联网参考体系结构》三层架构和六域模型进行基于物联网技术的环境监控体系架构设计，确定架构组成部分、实施内容及各部分的关联关系。环保物联网系统参考架构如图 3-1 所示。

在环境监测方面，全面采集 23 个空气站、79 个水站、18 个浮标站、4 个噪声自动站、170 个摄像头、348 个污染源、650 个放射源、3163 家固体废弃物（以下简称固废）单位的数据，实现对无锡全市的主要环境质量要素、污染排放要素和环境风险要素的全面感知和动态监控。

完成"一平台、一中心、四标准、二十四应用"的开发，即智慧环保云支撑平台、生态环境物联网监控中心、环境空气质量预测预报等 24 个智慧应用系统。基于资源目录，建设大数据中心，融合数据、服务，提升业务协同和分析决策能力。

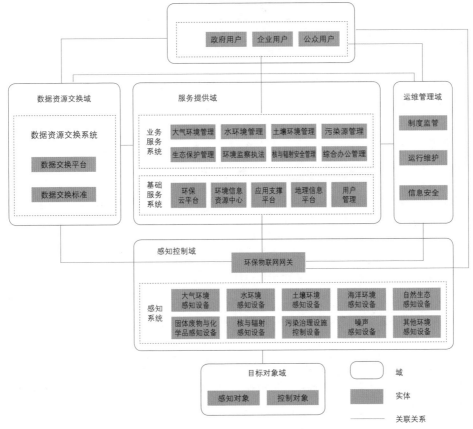

图 3-1　环保物联网系统参考架构

2. 涉及的物联网技术

（1）感知层物联网技术

在感知互动层建设空气质量、水环境质量、污染源等环境感知体系，对无锡市环境 6 大类、超过 50 种参数进行在线感知。应用 RFID 技术、传感器技术（物理传感器、化学传感器、生物传感器）、智能视频分析技术、卫星遥感、无人机遥感等技术。技术汇总如表 3-1 所示。

（2）传输层物联网技术

在网络传输层通过前端数采仪改造、多网融合网关与网间传输设备的部署，实现企业内网、环保专网、无线传感器网络等 5 类网络的多网融合，保障环境感知及业务数据的可靠传输。

表 3-1　感知层物联网技术汇总

应用领域	水环境	大气环境	固废	噪声环境	辐射源管理	生态环境
感知形式	水质监测站 水质传感器 水文信息 卫星遥感 无人机	大气监测站 大气监测传感 卫星遥感 无人机	RFID 视频监控 GIS GPS 卫星遥感	噪声监测站	放射源监测站 移动探测器	无人机 卫星遥感 视频监控
感知对象	地表水 地下水 工业废水 海水等	工厂大气污染源 汽车尾气 大气环境质量	危险化学品 危险废弃物 固体废弃物	环境噪声	固定放射源 移动放射源	植被指数 叶面积指数

（3）支撑层物联网技术

在基础支撑层选择 Mule ESB、ETL、Nagios、Solr、ActiveMQ、Nginx、CAS 等中间件作为支撑平台服务和应用的支撑层，实现环保基础数据、环境质量数据等 5 大类数据的集中整合与共享应用。

（4）应用层物联网技术

应用 GIS、M2M、大数据挖掘和云计算等技术，采用 B/S 系统架构在智慧应用层建设环境风险防范与应急指挥等 4 大智慧应用系统，实现环保物联网业务数据的智能分析、挖掘。

3. 技术路线

项目从以下四部分进行内容建设：一是环保物联网感知系统（全感知），二是环保物联网业务支撑平台（搭平台），三是环保物联网应用系统（做业务），四是环保物联网标准（立标准）。整体技术路线图如图 3-2 所示。

① 在"感知互动层"，建设并完善环境质量及污染源在线监控系统并配置环境质量相关监测设备，如图 3-3 所示。新建并完善污染源自动监控系统，接入无锡市范围内区控、市控污染源在线数据；新建放射源在线自动监控系统，对无锡市范围内的 1300 枚放射源前端监控设备进行统一接入；新建危险废物在线自动监控系统，对危险废物从产生到运输再到处置的全过程进行统一监控，形成危险废物监控管理闭环；新建机动车尾气在线监控系统，对机动车环保标志发放、限行区域进行统一管理。

② "网络传输层"主要采用移动网络传输、Mesh 网络传输及卫星网络传输等几种方法来实现网络的数据传输功能，为远程感知设备的数据传输提供质量和安全性的技术保障（见图 3-4）。

③"基础支撑层"建设环境资源目录、元数据及中心数据库，实现支撑平台的数据资源检索、数据应用集成、数据交换共享、数据综合分析及部分业务系统所需的模型数据等（见图 3-5）。

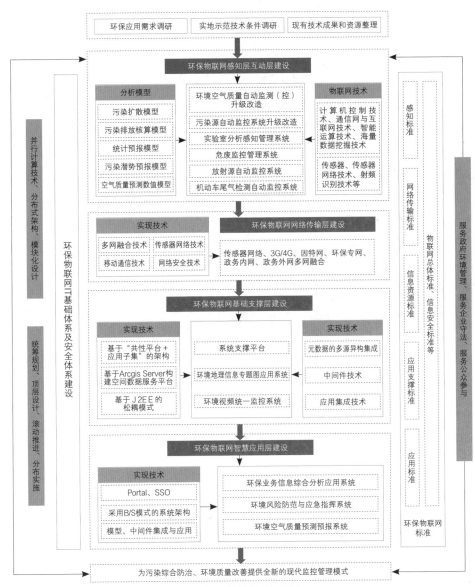

图 3-2　整体技术路线图

图 3-3 感知互动层

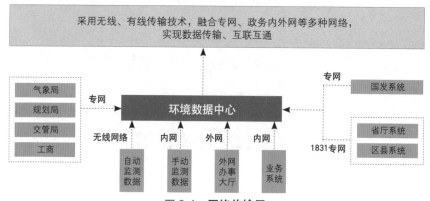

图 3-4 网络传输层

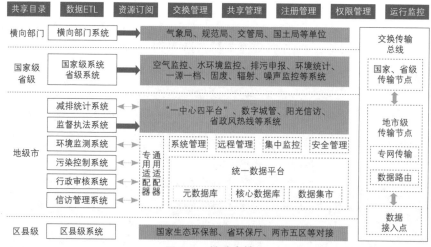

图 3-5 基础支撑层

④ 在"智慧应用层",建设环保业务信息综合分析应用系统,将集成总量减排、建设项目环保审批、排污许可证管理、排污权有偿使用和交易、科技项目申报、空气质量对比分析、行政处罚监管等环保物联网业务管理系统,实现无锡环保局内部业务管理的智能化(见图3-6)。

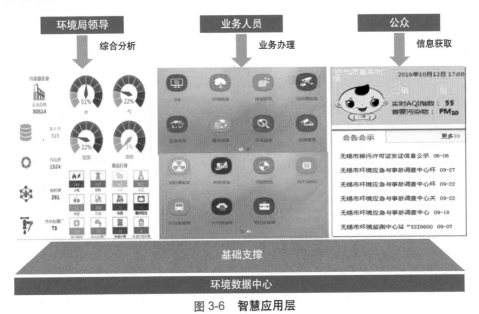

图3-6　智慧应用层

⑤ 在物联网标准规范方面,成立环保物联网标准联盟,以国家生态环境部标准框架规划为指导,制定《环境信息资源目录技术规范》《环境质量自动监测(控)通讯传输技术规范》等环保联盟标准。

(三)项目创新点和实施效果

1. 项目先进性及创新点

(1)数据资源化打破信息壁垒,实现"一数一源、一源多用、多源共享"

后台系统打破传统部门信息壁垒,将各业务数据库、电子档案等通过数据抽取、清洗、转化、标定、装载,形成能够规范、便捷、深度利用的环境信息资源总数据库。在此基础上编织成了环保数据的"新华字典",形成9大类7层级8属性的环境资源目录体系,涵盖了无锡生态环保工作中的所有要素。打通各应用系统数据、服务、应用之间的通道,实现"一数一源、一源多用、多源共享"。

（2）挖掘数据资源价值，提供智慧化决策依据

以资源目录为驱动，构建环保大数据支撑平台，建立了数据采集、数据汇聚、数据分类、数据分析、数据可视、数据应用的"资源智慧化"架构体系。开展了智能化管理决策初步探索，建立了空气质量预测预报、污染源排放总量及排放去向、河道纳污量的统计分析，解决了人为判断难度大、错误率高、稳定性差等问题，实现了系统的辅助决策功能。

（3）率先建成以物联网技术为纽带的实验室分析系统

物联网实验室分析系统通过 GPS 定位、视频图像、射频识别和二维码等物联网技术，实现了环境监测中采样点位信息、样品基本信息、样品流转信息及实验室分析仪器数据的全过程数字化采集。

（4）率先建成以排污许可证为载体的固定污染源全生命周期管理系统

建立了涵盖全市 30783 家企业的、以排污许可证为核心的"一证式"管理系统，整合衔接污染源全生命周期的各环境管理要素，形成"一源一档"动态管理档案，开创了系统完整、权责清晰、监管有效的污染源管理新格局。

2. 实施效果

"感知环境、智慧环保"无锡环境监控物联网应用示范工程被评为国家生态环保部环保物联网应用示范项目、国家发改委物联网示范项目、国家工信部物联网专项资金支持重点项目。在项目建设中通过环保物联网技术应用、工程示范和标准建设，引领和带动相关产业链的发展，引领全国环保物联网技术的产业化和运营模式的市场化，达到国内领先的示范效应"感知环境、智慧环保"界面如图 3-7 所示。

①"感知环境、智慧环保"实现了基础要素、感知要素、管理要素基于环境资源目录体系的集中管控、精准定位、整合互联、开放共享，完成了管理数据化、数据资源化和资源智慧化三个过程。

②"感知环境、智慧环保"通过创新监管模式、提高工作效率，增强预警预报、提速应急防控，加强研判分析、优化决策管理，完善服务平台、拓展公众参与，促进了环境监管模式的创新，提升了环境公共服务能力。

③"感知环境、智慧环保"凝聚众智的结晶、带动产业的发展。项目集聚了全国近 10 家优质环保信息化供应商的参与，成就了国家环保物联网技术研究应用工程技术中心在无锡的落地，初步形成了传感器研发生产 - 数据采集传输标准制定 - 数据平台开发 - 数据分析应用 - 决策反控的"产、学、研、用"的完整产业链。

图 3-7 "感知环境、智慧环保"界面

案例4：物联网智慧燃气解决方案

实现端到端贯通，推动智慧能源发展
——金卡智能集团股份有限公司

（一）项目概况

NB-IoT 作为 3GPP 首个专门针对物的蜂窝物联网技术，因其低功耗、广覆盖、强连接、低成本、高可靠性等优势，适用于智慧燃气的抄表和设备监控领域，以实现对智能燃气表的流量信息稳定的实时采集、设备状态监测、控制指令下发等远程操作，将采集的燃气表数据和状态信息进行及时分析和处理，从而实现更有针对性和科学性的动态管理，提升智慧燃气的管理效率和服务水平。

至 2016 年 NB-IoT 技术标准化以来，金卡智能集团与华为、中国电信合作，进行了芯片、模组、网络、燃气设备及云平台间的一系列商用化研究和行业应用，支撑 NB-IoT 技术从实验室到规模化商用的快速产业化过程。

1. 项目背景

全球能源加快向低碳清洁化转型，天然气作为一种优质低碳能源，越来越为各国所青睐。据《中国天然气发展报告（2019）》预计，2019 年我国天然气表观消费量将达到 3100 亿立方米左右，同比增长约 10%。2019 年国内城燃用气消费需求达到 1195 亿立方米，增量约为 113 亿立方米，占总增量的 45%。

随着我国城镇化水平不断提高，用气人口规模持续扩大，同时根据燃气表使用更换时限为十年预测，旧燃气表更换成智能表的需求量潜力巨大，智能燃气表的新增需求将持续旺盛。《2019—2025 年中国智能燃气表行业市场前景分析及发展趋势预测报告》统计数据显示，2018 年我国燃气表产量约 5220.1 万台，国内燃气表需求量约 4613.6 万台。其中，智能燃气表需求量为 3302 万台，占燃气表总需求量的 71.57%。按照未来我国 60% 家庭使用天然气估算，预计未来智能燃气表的整体市场空间可以达到 600 亿元。

NB-IoT 是首个专门针对物联网应用的通信协议，移动通信正在从人和人的连接，向人与物及物与物的连接迈进，万物互联是必然趋势。2017 年 6 月，工业和信息化部办公厅发布了《关于全面推进移动物联网（NB-IoT）建设发展

的通知》明确指出：加强 NB-IoT 标准与技术研究，打造完整产业体系；推广 NB-IoT 在细分领域的应用，逐步形成规模应用体系；优化 NB-IoT 应用政策环境，创造良好可持续发展条件，为 NB-IoT 技术的推广应用保驾护航。

2. 项目简介

基于技术发展及市场需求，金卡智能集团集中优势力量设计了金卡物联网智慧燃气解决方案，研发一款 NB-IoT 智能燃气表，用 NB-IoT 通信技术替代 GPRS 通信技术，并在硬件、结构、软件等方面进行了全新设计和改进。

物联网智慧燃气解决方案主要由 NB-IoT 智能燃气表将用气数据、电量、信号、阀门状态、异常情况等信息通过燃气表内置的 NB-IoT 通信模组接入 NB-IoT 网络，传输到 IoT 连接管理平台，然后上传到后台采集和业务系统云平台；后台云平台将数据包进行解析，解析出的用户用气数据在用户账户内完成结算，并通过客服系统的相关新媒体渠道推送给用户，用户能实时获取自己的用气账单，并能远程完成账户充值。

3. 项目目标

GPRS 物联网燃气解决方案已经商用多年，虽然网络成熟，但是技术相对落后，对表具与基站的距离要求较高，功耗大，成本高。而金卡 NB-IoT 智慧燃气解决方案将完美解决 GPRS 物联网燃气解决方案的上述缺陷。同时，金卡 NB-IoT 智慧燃气解决方案更加智能化、人性化，可以通过稳定可靠的移动（移动、联通、电信）无线网络平台实现仪表终端数据直接传送到后台管理服务中心，实现远程阀门控制、用气状态监控、阶梯气价实时调整及数据分析、异常报警等功能。结合手机 APP 软件可以完成远程充值、实时互动等功能，为燃气公司的运营数据预测提供了可靠的数据依据，提高燃气公司经营管理效率，减轻燃气公司负担，同时方便了用户，极大提升了燃气公司现代化管理水平，助力智慧能源、智慧城市的发展。

（二）项目方案

1. 整体架构

金卡物联网智慧燃气解决方案的整体架构是依照云、管、端架构实现从智能终端到智慧服务的解决方案架构。在日常使用过程中，智能终端每天自动把计量与表的运行状态（电池电量、阀门状态、恶意对表具攻击等）信息，通过自带的移动物联网专网模块利用移动互联网直接发送给云平台，云平台收到数据后将返回一个应答数据，从而能够实现双向通信。用户可以通过移动 APP、网上银行进行实时网络充值，同时用户通过移动 APP 可以与燃气公司做到实时互动。后台系统通过每天自动的数据收集将为燃气使用的供销差、用气数据预测及异常情况报警提供准确的数据依据。金卡物联网智慧燃气解决方案架构如图 4-1 所示。

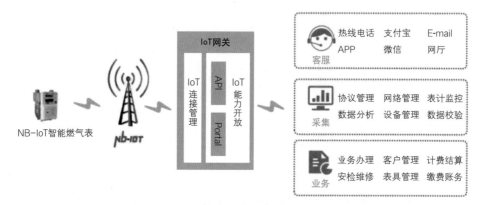

图 4-1　金卡物联网智慧燃气解决方案架构

2. 涉及的物联网技术

本项目应用 NB-IoT 通信技术实现智能燃气表与后台云服务平台之间的远程通信及双向互动。燃气表通气时，带动齿轮进行机械运动，控制器的霍尔元器件获得齿轮上的磁传感从而形成脉冲，由此将用气的数据由机械信号转换为电信号；再在设定的时间内由控制器的主芯片将用气数据、设备状态等通过 NB-IoT 模组拨号联网传输到应用平台，支撑燃气业务的用气计费结算、设备状态监控和异常管理。

3. 技术路线

物联网智慧燃气解决方案是以智能计量、智能管网建设为基础，基于物联网、大数据存储和分析、云计算、移动互联网，结合燃气行业特征，突破传统服务模式，拓展全新服务渠道，提供系统化综合用能方案，创造面向未来的智慧燃气系统框架，提供最优服务，创造更多的利润空间。

金卡物联网智慧燃气解决方案按照云、管、端的系统架构来建设，以满足 ICT 未来演进的需求，方案包括终端层、网络层、云平台和燃气应用层等几个层面，通过物联网、云计算、大数据等技术将各层面整合统一为有机的整体，支撑智慧燃气应用的构建和快速上线。

（1）终端层 —— 物联网感知端融合

终端设备是物联网的基础载体，随着物联网的发展，终端由原有的哑终端逐步向智能终端演进，通过增加各种传感器、通信模块使得终端可控、可管、可互通，包括智慧民用物联网表、智能工商业流量计、智能管网、智能DTU及与智能家居相关联的多种智能终端，终端设备通过集成NB-IoT标准模组，与NB-IoT基站连接来实现通信能力，智能终端通过NB-IoT基站将信息上传给IoT平台。

（2）网络层 —— NB-IoT简易部署，广覆盖

网络是整个物联网的通信基础，不同的物联网场景和设备使用不同的网络接入技术和连接方式。对于智慧燃气场景，中国电信基于800MHz频段的NB-IoT网络承载抄表等燃气业务，NB-IoT网络具有大连接、低功耗、低成本、广覆盖的特点，符合智慧燃气通信的需求。在网络部署上，NB-IoT仅使用180kHz带宽，可采用带内部署（In-band）、保护带部署（Guard-band）、独立部署（Stand-alone）方式灵活部署，通过现有GUL网络简单升级即可实现全国覆盖，与其他LPWA技术相比，NB-IoT具有建网成本低、部署速度快、覆盖范围广等优势。中国电信的800MHz频段在信号穿透力和覆盖度上拥有较大优势，能够充分保障智慧燃气等业务在复杂应用环境下的数据信号传输的稳定性与可靠性。中国电信通过整合通信网络能力与IT运营能力，为燃气公司、燃气表厂提供可感知、可诊断、可控制的智能网络，满足客户对终端的工作状态、通信状态等进行实时自主查询、管理的需求。同时为满足物联网客户在终端制造和销售过程中的生产测试阶段、库存阶段、正式使用阶段中对网络的不同使用需求，提供号码的一次激活期、静默期、二次激活期功能。

（3）平台层 —— 统一平台多业务汇聚管理

IoT平台支持多种灵活部署模式，可以部署在中国电信和华为双方合作的天翼云上。华为OceanConnect IoT平台提供连接管理、设备管理、数据分析、API开放等基础功能，由中国电信负责日常运营及管理。

IoT平台提供连接感知、连接诊断、连接控制等连接状态查询及管理功能，通过统一的协议与接口实现不同终端的接入，上层行业应用无须关心终端设备具体物理连接和数据传输，实现终端对象化管理。平台提供灵活高效的数据管理，包括数据采集、分类、结构化存储，数据调用、使用量分析，提供分析性的业务定制报表。在业务模块化设计方面，业务逻辑可实现灵活编排，满足行业应用的快速开发需求。

针对燃气行业的特定场景，华为和金卡联合制定燃气标准化设备模型（燃气标准报文 Profile），IoT 平台提供插件管理功能，实现南向对接服务，方便各类智能表具厂商根据标准、多协议快速接入和设备管理功能，同时支撑燃气业务标准微服务套件与后台燃气 CIS（客户信息系统）系统集成，实现计费客服业务操作和远程设备采集控制无缝对接，省去了燃气公司复杂的多设备和多系统集成工作。

同时 IoT 平台与 NB-IoT 无线网络协同，提供即时下发、离线命令下发管理、周期性数据安全上报、批量设备远程升级等功能，相对传统解决方案降低功耗 50%，延长设备使用寿命，同时支持经济、高效的按次计费、助力精细化运维。

（4）运营层 —— 丰富的燃气应用

IoT 应用是物联网业务的上层控制核心，燃气行业在 IoT 平台的基础上，可聚焦自身应用开发，使物联网得到更好的体现。智慧燃气应用系统通过 IoT 平台获取来自终端层的数据，帮助燃气企业实现客户管理、表具计量、计费客服等燃气需求侧的管理，以及管网建设、生产运营、设备运维的供给侧的精细化管理。

（5）服务层 —— 更智能、更便捷、更高效

在物联网时代下，用户生活变得更智能、更便捷、更高效，IoT 技术结合智慧燃气改变了用户感知燃气的方式。通过 IoT 平台，结合微信、支付宝、掌厅、网厅、ATM 机等主流服务渠道，用户可获取燃气用量、账单、安检情况等相关信息，同时通过主流渠道快速实现缴费、查询等业务办理，与燃气企业进行实时互动。

（三）项目创新点和实施效果

1. 项目先进性及创新点

根据项目的研发目标及技术路线，本项目的先进性及创新点主要在于产品具备更优功能及性能，主要体现在以下几个方面。

（1）"端到端"通信，信号稳定，覆盖范围广

实现"表端"到"服务器端"的"端到端"的直接通信，端对端的模式没有第三方环节，使得通信更加简单、稳定、可靠。

（2）支持多种报警功能，确保用气安全

燃气表为民生产品，十分关注安全性能。当出现阀门直通、电量不足、燃

气泄漏等异常情况时，表端迅速采集异常信息，并将数据上传至数据服务中心，通过关阀报警、系统报警提示、短信报警等多种报警方式实现实时报警，保证燃气用气安全。

（3）采用多重措施，确保数据交互安全

万物互联的场景，安全变得尤为重要。基于端到端安全解决方案，针对智能气表功耗敏感的特点，创新的优化和开发了轻型加密机制和算法协议，在实现表具、网管、通信通道、IoT 平台和 SaaS 应用各层安全。同时，也保障了表具 10 年的运行，保护我们的终端和数据安全。其中，终端采用了单片机软件 AES 算法加密；网络采用防信令风暴、通信加密、身份认证等措施；平台采用物联网安全网关、异常终端隔离、设备认证、个人数据匿名化、敏感数据加密等措施；系统构建敏感数据加密、用户隐私数据匿名化、密钥管理、API 安全授权等措施。

（4）数据备份，容错抗灾能力强

为提高数据存储的容错抗灾能力，制定异地容灾备份机制，本地独立服务器备份。采用磁阵存储技术，即便硬盘数据坏了也不会丢失。应用加密机存储技术对数据加密存储，即便数据被盗也无法查看明文信息。服务器监控技术，应用和服务器宕机监控，故障报警通知，及时处理。

（5）运营管理，高效便捷

降低燃气公司的运营成本投入，提高智能化管理水平，实现燃气表用户便捷操作及实时互动，提供多种运营管理服务。系统可自动完成抄表、收费、报表生成等业务，可灵活选择预付费或后付费缴费模式。采用金额结算，支持阶梯气价（4 阶 5 价），能够方便快捷地实现阶梯气价的调整。同时，支持网上付费、营业厅付费、移动付费（微信、支付宝、银联）等多种付费方式，燃气表用户通过手机 APP 能够及时了解家庭的用气信息，与燃气公司实时互动。具备丰富的报表功能，支持个性化定制需求。

（6）大数据分析与预测，精准服务

系统根据用气属性每天自动统计用气信息，做到用气数据实时掌握。根据客户需求，定制化实现：按照客户类型、管辖关系的消费量分析，按照价格的能源流向分析，按照时段的能源需求分布统计，按照供应网络的负载能力分析。系统按照时间、区域、类型等不同维度检索分析客户的数量、比例、增长率、衰退率等情况，了解和预测趋势走向，为未来提供决策参考。通过时间维度、客户类型、区域关系等参数查看客户的消费量统计，以及同期消费数据对比情况。

（7）建立公用事业行业端到端一体化 SaaS 云服务平台

建立基于 SaaS 模式面向燃气、水务、热力等公用事业的企业客户管理统一云服务平台，全面满足客户关系管理和核心业务的需求，实现客户的统一管理，实现物联网表、卡表、普表各类表具统一管理，实现抄表、计费、收费、账务统一管理，提供企业上云服务及增值服务，助力企业智慧运营。云服务平台降低了客服成本，提高了外勤的作业效率，同时保障运行安全，提升了客户满意度，实现了增值盈利，并挖掘大数据的价值。

2. 实施效果

金卡物联网智慧燃气解决方案在为燃气用户提供更多便捷的同时，帮助燃气公司降本增效，同时促进区域能源供需平衡，及时发现燃气安全隐患，为城市保驾护航，推动智慧城市建设进程。本项目实施的具体案例如下。

（1）NB-IoT 智能燃气表在天津大港油田上线

本项目针对大港油田区域 10 年到期的老燃气表改造为最新的 NB-IoT 智能燃气表，目前已挂表近 100 000 多台，挂表区域集中在直径 4km 范围内，充分利用 NB 网络大连接的特性。表具每天自动上报一次数据，通过后台系统统计 NB-IoT 物联网表的一次抄读成功率，日抄表成功率达 99% 以上，周抄表成功率达 100%。

（2）NB-IoT 智能燃气表在广州燃气上线

2017 年广州燃气集团为推进建设智能安全供气工程，同时配合阶梯气价，为市民打造低碳环保、优质高效的智能家居生活，提供更优质、更贴心的燃气服务，在全市有计划地推广使用窄带物联网智能燃气表，推广安装 20 万台，5 年时间内实现 160 多万用户覆盖。截至目前已安装上线 65 万多台，安装区域分散，广州电信通过信号优化、建设室内分布系统等诸多手段保障 NB 燃气表顺利上线。智能燃气表上线稳定运行，表具抄表率大于 98.5%。

案例5：面向全场景环境感知的智能安防应用示范

让每个机构的安防工作更加智能
——腾讯科技（深圳）有限公司

（一）项目概况

安防视频监控行业经过长达半个多世纪的发展和演变，已经从政府、军事等特殊领域，拓展到交通、学校、金融、医院等领域，并且已经向民用、家庭、社区等消费领域延伸。随着监控技术的不断成熟、监控设备制造成本的降低、国家政策层面的推动，越来越多的场地逐渐覆盖各种高清摄像设备，海量的视频数据也伴随着历史数据查找困难、画面太多无法全面顾及的情况，此外，随着人工智能技术的发展，对视频场景中出现的人、车、物等信息进行深度挖掘、串并联分析的成果不断涌现，将传统安防带向新的发展高度，腾讯即视智能安防视频监控系统也应运而生。

1. 项目背景

生活、工作、学习环境的安全性是人类进行日常生产活动的基础保障，而随着社会经济的高速发展和城市化进程的加快，城市流动人口增加，各种潜在的安全风险日益凸显，传统安防视频监控过于被动、偏重人防、事后追溯困难的现状已经不足以时刻准备应对多变的风险事件。不管是办公楼宇、商超园区，还是医院学校，管理者都希望能在风险事件发生的前期做到及时预警和告警，后期高效追溯事件经过和关键信息，确保公众环境的安全。

随着信息技术的发展，物联网和人工智能等技术已经在监控行业中发挥重要作用。随着我国道路交通基础设施的兴建，以及"平安城市""雪亮工程"的建设加速，"十三五"期间无疑是我国视频监控行业发展的重要时期，同时智慧城市是新型城镇化发展的一个重点方向，而平安城市系统属于智慧城市信息化系统的重要组成部分。因此，智能安防已经成为现代社会环境中政府、企业等安全管理的明确发展趋势。

2. 项目简介

腾讯即视智能安防视频监控系统（以下简称即视）是基于物联网技术和AI

技术的智能安防应用方案，其服务包括基础视频服务和智能 AI 视频服务，其中基础视频服务包含实时预览、历史回放、设备管理、角色管理、基础告警管理、系统管理、系统消息等功能，智能 AI 视频服务包含禁区监控、视频浓缩、智能追踪等功能。

3. 项目目标

帮助办公楼宇、商超园区、医院学校等企业单位管理者实现安全管理方式升级，以实现降低风险事件发生概率，提高事故发生后的追溯效率，为企业往更智能化、科技化、未来化的安全管理方向提供解决路径。

（二）项目方案

1. 整体架构

腾讯即视系统架构如图 5-1 所示，包括物联接入、视频分析、解决方案和安全保障机制 4 个方面。其中，物联接入包括各种前端感知设备；视频分析包括智能分析组件和基础功能组件；解决方案包括智慧楼宇、智慧园区、智慧医院等应用适配方案；安全保障机制服务于整个系统架构的安全，从网络安全、数据安全、应用安全、服务器安全、漏洞扫描、终端安全等级 6 个方面对系统进行安全加固和防护。

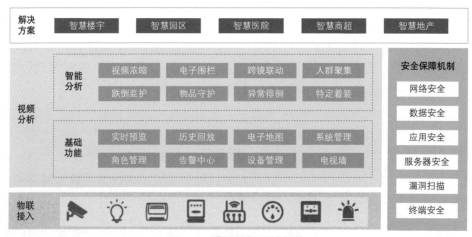

图 5-1 腾讯即视系统架构

2. 涉及的物联网技术

腾讯即视底层支持接入物联网各种硬件、传感器等设备,通过边缘网关/视频网关等具备各种类型的数据接入能力,并作为物联设备数据的集散中心,将物理空间、视频系统和上层应用根据安防场景与业务逻辑进行组合优化,通过智能化 AI 处理、机器视觉分析挖掘数据价值,同时整合了物联网安全、人工智能等相关技术,依托于云端强大的服务能力,可应对海量高并发的视频大数据处理场景。

3. 技术路线

即视物联接入能力是通过与腾讯云微瓴(以下简称"微瓴")物联网平台对接完成的,通过微瓴对接视频监控系统及其他设备、子系统获取设备数据、视频数据,结合 AI 算法,对视频数据进行分析处理,从原本海量的视频信息中挖掘出有效、需要关注的事件信息,结合 AI 能力,实现事前智能预警、事中及时告警、事后高效追溯,相对于传统视频监控系统被动人防、低效检索的现状,即视将管理过程化被动为主动,由低效往高效的趋势进行产品设计。不管是办公楼宇、商超园区,还是医院学校,即视都能根据实际的场景灵活组合所需的 AI 算法,切实解决不同场景所面临的难题,真正实现智能安防。同时,即视集成了物联网安全等相关技术,在网络层无缝继承腾讯天幕网络入侵防护系统,通过旁路部署方式,无变更、无侵入地对网络层会话进行实时流量威胁检测和实时阻断,并提供了阻断 API,方便其他网络层、主机层、应用层安全检测类产品调用,为智慧建筑场景的物联网类系统提供全天候、全方位的安全保障。具体技术路线图如图 5-2 所示。

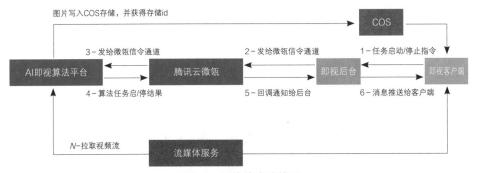

图 5-2 **具体技术路线图**

（三）项目创新点和实施效果

1.项目先进性及创新点

物联网和 AI 能力相结合，通过 AI 视频分析算法快速发现安全隐患，提升安全防护能力，具备事前智能预警、事中及时告警、事后高效追溯等能力。相比传统视频监控系统被动人防、低效检索的现状，腾讯即视将安全管理过程由被动变为主动，由低效转向高效。同时将安防能力从单一的安全领域向多行业提供应用、提升生产效率、提高生活智能化程度，可以广泛应用于智慧地产、智慧医院、智慧养老、智慧园区等场景。

① 被动存录升级为主动预防：通过禁区监测、跌倒监测等 AI 视频分析算法，在场域监测过程中实时识别关键事件或警讯，从被动视频记录转变为主动的场景事件侦测，提升风险发现能力并缩短风险反馈时间。

② 事后追溯效率提升：通过 AI 算法精确分析视频画面，实现视频浓缩、失物追踪、跨屏追踪等功能，有利于快速定位事件及目标人员，提升应急处理的效率和有效性。

③ 快速部署：与传统的视频监控系统部署方式相比，腾讯即视 AI 算法独立部署，可根据场景中的实际痛点进行灵活算法组合，快速落地。

④ 项目资源成本最优：项目通过知识蒸馏、剪枝、量化等模型加速手段，最大化地利用 GPU 硬件资源，从而降低项目硬件算力资源成本。

⑤ 安全可靠有保障：通过接入腾讯天幕网络入侵防护系统，在网络层提供旁路实时流量威胁检测和阻断率高达 99.99% 的实时阻断，为系统的网络安全和数据安全提供强有力的保障。

2.实施效果

即视安防可用于电子围栏、徘徊分析、人群聚集分析、安全防控、火灾烟雾分析、视频浓缩、跨境分析等场景。

（1）电子围栏

功能介绍：划定一块区域，当有人进入时可发出预警信号。

应用场景：医院、学校、商场、小区、写字楼、工地等各种场所中重点关注，不允许人员随便进入的区域。当有人进入划定的区域内时，立即告警弹窗，通知安保人员进行处理。

电子围栏效果图如图 5-3 所示。

图 5-3　电子围栏效果图

（2）徘徊分析

功能介绍：分析画面中的徘徊行为，停留一定时间后发出预警信号。

应用场景：医院、学校、商场、小区、写字楼、工地等各种场所中，人员短时间停留、长时间停留时需要预警的区域。

徘徊分析效果图如图 5-4 所示。

图 5-4　徘徊分析效果图

（3）人群聚集分析

功能介绍：实时分析范围内的人群密集度，一旦超过阈值，就产生风险预警，辅助管理人员及时疏散人群，避免踩踏事件发生，可应用在学校的食堂、操场，火车、地铁站的候车室或站台，医院大堂等易发生人数众多的场景。

应用场景：电影院、食堂、火车站候车厅、广场等易发生人数聚集的区域（这些区域能容纳一定的人数，但过多时会有踩踏风险，所以需要关注），或者办公楼前广场（如监测人员突然聚集上访的场景）。

人群聚集分析效果图如图 5-5 所示。

图 5-5　人群聚集分析效果图

（4）安全防控

功能介绍：通过将关注的人员信息导入系统，可实时监测库中人员，当出现关注人员时立即告警。

应用场景：学校、商场、小区、写字楼、工地等各种场所，关注指定人员的出现。

安全防控效果图如图 5-6 所示。

图 5-6　安全防控效果图

（5）火灾烟雾分析

功能介绍：在消防通道、物品存放等重点区域进行持续分析，一旦发现火苗、烟雾，就立即告警，通知管理人员在第一时间确认，消除安全隐患。

应用场景：学校、商场、小区、写字楼、工地等各种场所，监测室外、屋顶等区域的设施设备老化导致的起火冒烟等。

火灾烟雾分析效果图如图 5-7 所示。

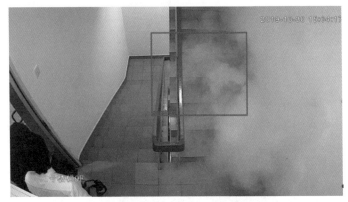

图 5-7　火灾烟雾分析效果图

（6）视频浓缩

功能介绍：对视频内容进行概括，主要运用在对长时间录像的压缩上，它可以将不同目标的运动显示在同一时刻，这样大量减少了整个场景事件的时间跨度，帮助用户快速回顾录像片段，创建、查看并导出摘要视频供调查使用。简单来说，即在短时间内浏览完视频。

应用场景：适用于学校、商场、小区、写字楼、工地等各种场所中平常人员走动不多，发生事件后需要快速定位关键时间点的区域。

视频浓缩效果图如图 5-8 所示。

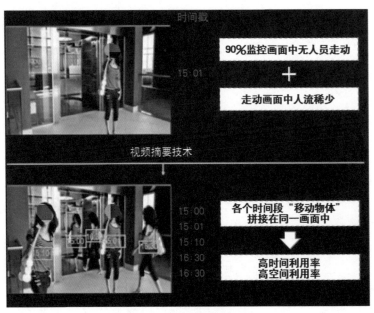

图 5-8　视频浓缩效果图

（7）跨镜分析

功能介绍：分析单个目标在多个摄像机出现的画面，并将同一个目标的历史行动轨迹串联成一个路线。

应用场景：学校、商场、小区、写字楼、工地等各种场所的关键出入口，发生事件时需要查找某人的行动记录时即可迅速找到。

跨境分析效果图如图 5-9 所示。

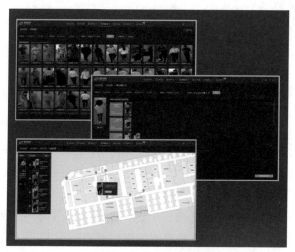

图 5-9　跨境分析效果图

案例6：基于自动感知的物联网城市智能停车管理系统

交通出行无忧伴侣式停车管理专家

——四川长虹网络科技有限责任公司

（一）项目概况

本项目是面向城市道路路边停车和公共封闭停车场，以提供便捷停车服务和提升城市公共停车资源的管理效率为目标而规划研发的城市智能停车管理系统。该系统产品融合云计算、无线通信、大数据、人工智能等技术，系统端云一体，实现城市停车资源的实时监测、实时统计、实时分析。该系统在云端可对停车位使用状况进行实时分析和预知，协助城市管理部门提高城市停车管理水平，实现停车管理的信息化、标准化、智能化。

1. 项目背景

随着城市发展和人民生活水平的提高，城市汽车持有量较高，但城市停车设施建设相对滞后。根据中国城市公共交通协会统计，我国停车位严重不足，停车位缺口高达50%。一方面原因是停车位不足，另一方面原因是车位信息不对称，车主找不到车位，部分区域车位空置率高。为此，国家出台多项相关政策法规（见表6-1），鼓励发展智能停车业务。

表6-1 城市停车业务管理政策法规

序号	政　策	主　要　内　容	发布方	发布时间
1	《关于开展城市停车场试点示范工作的通知》	重点提到推动"互联网＋停车"和车位共享新业态发展、国家政策、资金扶持以及大力引进社会资本，创新金融服务模式	发改委	2017
2	《关于进一步完善城市停车场规划建设及用地政策的通知》	合理配置停车设施，提高空间利用效率，促进土地节约集约利用；充分挖潜利用地上地下空间，推进建设用地的多功能立体开发和复合利用；鼓励社会资本参与，加快城市停车场建设，逐步缓解停车难问题	住房城乡建设部国土资源部	2016

序号	政 策	主 要 内 容	发布方	发布时间
3	《加快城市停车场建设近期工作要点与任务分工》	明确加快停车场建设，增加有效供给，补强城市发展短板，解决居民停车难问题，更是便民的重大工程，为智慧停车场的发展注入新的活力	发改委	2016
4	《关于进一步加强城市规划建设管理工作的若干意见》	提出合理配置停车设施，鼓励社会参与，放宽市场准入，逐步缓解停车难问题	国务院	2016

特别是在周末及节假日期间，城市核心区域一直饱受"停车难、交通堵塞、群众矛盾频发"等城市顽疾煎熬，因此迫切希望通过信息管理手段予以化解。

2. 项目简介

本项目通过建立城市静态交通停车管理系统，切实规范城市停车秩序，有效解决"城市停车难"问题，显著缓解道路交通压力，有力提升城市智能水平。

该系统封闭停车场管理系统采用车牌自动识别的技术方案。路边占道停车管理系统采用 NB-IoT 窄带物联网技术，即通过"NB-IoT 地磁车位检测器 + 收费掌上电脑（PDA）"解决方案，实现泊位数据从采集到中心处理的完全无线传输，简化道路停车运营网络，降低系统实施难度与项目协调成本，满足泊位状态精准采集、后台泊位精细化管理需要。

"路内、路外"停车资源通过"停车云平台"集中接入，统一开展停车收费管理，用户可通过停车应用软件实现停车操作，同时，支撑停车经营单位开展智能停车收费管理工作，对停车服务渠道进行"线上、线下"融合。

3. 项目目标

通过对城市现有道路泊位状况进行全面分析，结合"互联网+"设计理念，通过对新型技术模式的研究和创新，充分吸收云计算、大数据、移动支付、窄带物联网等前沿技术，完成城市停车云平台建设，形成一个覆盖路边、路外停车场的综合型的城市停车平台。

（二）项目方案

通过本项目建设，完成城市停车管理云平台搭建，实现城市停车资源备案管控、道路路边占道收费管理、封闭停车场收费管理、公众停车服务体系建设，满足业主单位集中开展"路内、路外"停车收费管理，支持业主单位开展应急停车可视化调度、停车收费巡检督查、设施设备运维管控，同时支持统一向社会公众提供"线上、线下"立体停车服务，初步达到"路外停车为主、路内停车为辅"、"出行规划、停车诱导、透明缴费"等预期目标，为整个城市开展泊位资源共享、互利共赢提供信息化支撑基础。

1. 整体架构

本项目基于城市停车智能化要求，完成统一的城市停车资源库（城市停车基础信息平台）搭建。基于移动云服务器完成云平台数据中心和停车服务中心建设。实现完成临时占道停车收费管理、封闭停车场收费管理、公众停车服务等业务功能体系的建设。城市静态交通停车管理系统架构图如图 6-1 所示。

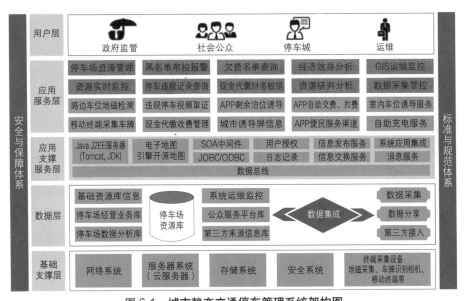

图 6-1　城市静态交通停车管理系统架构图

① 基础支撑层：城市智慧停车云平台的核心接入模块。通过该模块，需要完成城市停车资源库和城市停车资源备案管控接入，包括车位使用监测设备、车辆识别设备、停车收费现场管理设备等。对不同来源、不同厂家的设备采用统一的通信协议进行统一的接入管理，实现多设备兼容。同时包括了服务器资源、网络资源、存储资源等基础的硬件资源。

② 数据层：主要由停车场资源数据库和第三方数据资源接入构成，其详细构成包括停车场资源数据、停车设备数据、停车业务经营数据、停车业务分析

数据、公众服务信息数据、系统运维管理数据、第三方平台接入数据。

③ 应用支撑服务层：构建基础的功能业务板块，解决业务的应用公共性支撑需求。以电子地图、用户访问授权、信息发布服务、信息交换服务、消息服务等构成基础的业务支撑服务引擎，为上层应用提供稳定、可靠的基础能力服务。

④ 应用服务层：应用服务层是业务应用的实施逻辑单元集合，应用板块的划分遵从模块化、去耦合的基本原则，各应用板块独立设计，并对外开放业务 API 供应用终端使用。主要板块包括停车场资源管理、资源使用监控、GIS 运维、缴费管理、违停管理、停车诱导管理、便民服务等。

⑤ 用户层：业务呈现层，面向普通停车用户、业务监管单位、业务运营单位、系统运维等用户群体的应用呈现。

2. 涉及到的物联网技术

（1）NB-IoT 技术

本项目使用 NB-IoT 网络作为地磁数据的通信信道，完成设备的接入和停车数据的上报，完全满足地磁车检器小数据量、低功耗、低频次通信的技术特点。

（2）LoRa 无线技术

LoRa 技术与 NB-IoT 一样具有低功耗、广连接的特点，选择作为地磁车检器的通信方式，可满足车检器的检测感应数据的上报需求，尤其作为行业用户及在 NB-IoT 网络覆盖不足的区域进行网络覆盖，是 NB-IoT 网络的有效补充和增强。其更低的功耗对终端设备的续航时间、使用寿命等有极大的提升作用。

（3）传感器技术

本项目使用地磁传感器作为车检器的检测感应设备，通过监测车辆运动，以对地球磁场的扰动信号为检测对象，实时监测停车位车辆的运动变化，准确获取车位占用状态信息，传感器可做到及时响应、快速稳定、即使输出，具有高效、准确、低功耗的技术特点，充分满足地磁车检器的检测技术要求。

（4）蓝牙

本项目的车检器终端搭载蓝牙，可快捷方便地与手机、笔记本电脑等进行通信连接，配合调试 APP 对地磁车检器进行包括参数配置、软件升级在内的管理操作。

3. 技术路线

本项目技术路线如图 6-2 所示。

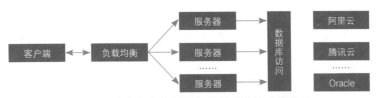

图 6-2　城市静态交通停车管理系统技术路线图

城市静态交通停车管理系统使用主流 Java 企业级开发平台进行技术开发，后台数据采用动态加密方式进行数据传输，保证数据在公网传输的安全性。数据接口支持采用负载均衡的方式部署，通过公共缓存的技术降低数据库的访问压力，提高用户请求的响应速度。数据库版本能够兼容目前主流的云数据库，数据的访问需要实现读写分离，同时为了数据的安全需要支持异地备份。运行环境平台采用 B/S 模式，运行在 Windows 或者 Linux 操作系统下，客户端采用授权登录模式访问后台的数据服务。

（三）项目创新点和实施效果

1. 项目先进性及创新点

本项目通过物联网技术和互联网业务生态的综合应用，并通过技术创新来推动业务迭代，从根本上提升了城市停车业务的智能化水平，提高了业务的综合管理效率，其主要创新点如下。

（1）路侧停车收费自动化：系统通过结合使用地磁车检器自动计时、计费，满足收费方式需求，实现路侧停车自动计时计费，实现无人收费。

（2）车场停车收费无人化：系统整合路侧和停车场，在停车场出入口安装智能摄像头，自动识别出入车辆，自主计时计费，实现无人值守，余位统计等功能。

（3）自动车位导航：车主 APP 可查询目的地车位状况，并可调用主流地图，通过车位导航直接导航至目的车位或停车场。

（4）收费方式灵活：支持不同区域、不同路段、不同停车场、不同车辆收费标准，对公益车辆、特种车辆进行减免收费。系统可配置多种收费方式，支持按次、按月、APP 自助、现金、微信、支付宝等多种收费方式。

2. 实施效果

① 增加经营收入：做到"应收尽收"，减少和防止资金流失，规范收费行为，

51

避免收费人员营私舞弊，实现 100% 应收。

② 降低人工成本：系统自动检测车进、车出，自动上报云端系统，云端系统自动计时收费，支持车主自主缴费。

③ 缓解交通拥堵：通过大数据分析，实现交通疏导，解决乱停乱放纠纷和因停车导致的交通拥堵问题。

④ 交通管理智慧化：逐步建立城市交通管理体系，大大提高城市交通综合管理水平。

⑤ 城市管理更智能：通过接入交管系统，可及时发现套牌、盗抢、黑车、违法车辆，协助公安交警执法。

实施效果图如图 6-3 所示。

图 6-3　实施效果图

城市智能停车的业务数据监测采集率可达 100%，日常运营成本平均可节约 60%，运营收益提高 75% 以上。停车数据对政府交通管理大数据的接入率达 100%。

案例 7：污水处理智慧物联管理系统

全工艺段仿真助力厂站运营成本管控

——北京必创科技股份有限公司

（一）项目概况

据不完全统计，全国范围内水泵、化工泵等泵组使用数量达到上亿台，大多需要长时间运转，机械设备损耗加大，存在安全隐患。污水处理智慧物联管理系统结合必创科技，在国内污水处理行业所完成的大中型控制系统工程设计与集成中大量的实践经验，采用当今国际先进的 PLC、网络通信技术，根据客户的实际需求，制定出一套高质量高性价比的监管方案。污水生产重要设施与设备运行监测预警系统对污水处理的进、产、排等主要环节进行监测，将污水处理厂的设备运行状态信息通过无线传感网络进行收集、整合，并对设备运行状态进行分析、处理和预警。

建设污水生产重要设施与设备运行监测预警系统的目的在于采用监测仪等物联网技术与数据挖掘手段，对各个工艺的主要设备进行集中监视和管理，并提供统一的在线智能监控平台，实现设备运行状态的分析评估、故障预警及故障诊断等。该系统可以实现在线状态监测和技术评估，为故障分析、维修提供一个简便快捷、准确高效的技术手段，对促进污水处理过程信息化、智能化监测技术的发展，提高污水处理的监管效益，具有很高的应用价值和作用。

1. 项目背景

我国智慧城市已经上升到国家的经济、科技战略层面，水务管理是城市管理的重要组成部分，智慧水务是智慧城市建设的必然延伸，"智慧水务"理念也随之产生。国务院发布了《水污染防治行动计划》（简称"水十条"）、发改委与住建部两部委发布了《"十三五"全国城镇污水处理及再生利用设施建设规划》等一系列相关政策文件。在这个日新月异的新经济时代，城市水务管理效率和服务水平只有顺应大势，全面应用最新科技与互联网思维才能获得长足提升，通过利用智慧水务平台可以从根本上解决人们对城市供水、用水和水污染等问题的诉求与矛盾。

随着城市的不断发展，污水收集管网越来越完善，污水水量增长也越来越快。传统的污水监管系统大都实行厂内人员 24 小时值守模式，生产调度依靠技术人员主观判断，异常诊断与调度决策缺少支持依据，运行经验难以积累与共享。数据管理基于纸质表单和人工统计，数据集信息分散且缺少有效利用，没有建立有效的数据监管机制，信息处理及查询不方便。巡检过程缺少有效监管，设备养护不及时，事后维修占主导。在污水处理监测项目中，所涉及的监测系统（如设备状态监测、生产过程监测、管网监测等）必需具有预知性监测功能，以避免维修带来的不良影响，因此，有必要对传统的监测方式进行信息化、智能化改造，采用在线上免维护监测方式，逐渐取代传统的人工巡检方式，进而提高设备监测的数据准确性和便利性。

2. 项目简介

污水处理智慧物联管理系统针对污水处理的进、产、排等主要环节的生产重要设施与设备进行监测，包括加装、改建污水生产工艺自动控制系统、设备运行监测预警系统、管网监测预警系统，结合污水厂运行监管大平台，利用物联网与大数据挖掘等先进技术手段，从运行监控、生产巡检、设备运维、绩效管理等方面加速污水厂智能化与信息化管理，推动污水处理行业管理水平的整体进步与发展。

目前应用较多的污水处理过程监测系统，无论是集中式还是分布式系统，大多是采用有线监测技术，均需要各种传感器提供的信号经过相应的有线电缆传输至数据处理中心，实现采集信号的分析处理和诊断，但这种基于有线连接的监测系统存在不足，影响设备监测与故障诊断的质量，而且还将耗费大量的线缆和相应硬件，可维护性差且缺乏机动灵活性。系统一旦部署好，就不能随便增删监测点和改变布局。

随着污水处理过程信息化程度的提高，越来越多的单位对设备的使用安全和监测效率日益重视。基于 WSN 的污水处理过程监测管理系统能够满足污水处理过程设备以及水质监测的自动化和智能化需求，而且相比传统的测量方式，更有体积小、成本低、扩展性强等优势。该监测系统改变了以前人工布线的烦琐、杂乱、易出错等传统测量方式，提高了测量效率和准确性，降低了监测和维修费用，可靠性高。

3. 项目目标

建设污水处理智慧物联管理系统的目标主要有：一是采用监测仪等物联网技术与数据挖掘手段，对各个工艺的主要设备及生产状态进行集中监视和管理；二是通过提供统一的在线智能监控平台，实现设备运行及生产状态的分析评估、故障预警以及故障诊断等；三是利用算法模型进行数据清洗、记忆、整合，优化全厂能耗，生成阶段性报表，为监管调度提供有力的数据支撑。

（二）项目方案

污水处理厂级的运营管理以污水处理工艺运行为中心，将污水处理工艺的稳定性、生产设备状态良好、出水水质达标排放作为基础，通过建立全厂生产过程控制体系，实现污水厂及下属泵站的各类在线仪表、设备所反映的生产运行数据进行采集、传输、信息共享。通过利用计算机技术对数据进行筛选、分析，借助污水处理工艺数学模型和专家系统对这些数据进行深入挖掘和分析，从而辅助厂级管理人员提高工艺运行管理水平和综合运营管理水平，最大程度降低生产运行各环节中的能耗、药耗和系统运行直接费用，提高设备的使用效率和寿命，降低设备故障率和设备维修成本，从而提高运营管理工作效率，降低运行维护人员数量，节省人工成本，最终实现达标、稳定、高效、低耗的污水处理厂运行目标。

1. 整体架构

污水处理智慧物联管理系统通过建立全厂生产过程控制体系，基于管网SCADA 系统，对设备运行工况数据及管网、水质基础数据进行采集，利用大数据中心的建设实现数据的统一管理、共享和挖掘，通过 PLC 自控系统实现系统集成与数据共享。该控制体系的建立与污水处理厂生产运行的安全保障体系和运行维护体系紧密结合，通过嵌入多套业务系统辅助企业决策管理，形成指导企业整体运营决策的管理系统，污水处理智慧物联管理系统整体架构如图 7-1 所示。

系统由前端感知系统、传输网络、安防管理中心三部分所组成。

（1）前端感知系统

前端感知系统对被监控区域（生产过程、厂区综合管理）的视频、门禁、报警等资源进行整合，主要用于对 PLC 自控、设备工况、进出口水质、管网液位等被监控对象的音视频、报警等信息进行有效采集、编码、存储及上传，并通过管理平台预置的规则进行智能联动。

（2）传输网络

污水处理厂综合监管系统可采用互联网、3G、4G 或 5G 无线网络等，实现

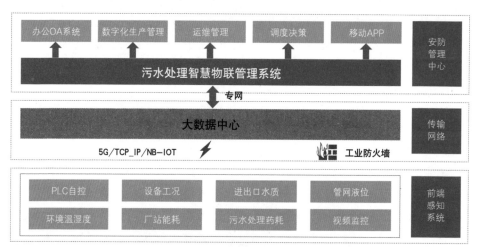

图 7-1　污水处理智慧物联管理系统架构图

现场端、管理中心及分控客户端之间的通信。感知层获取的音视频、环境监测、报警等信息，可同步上传至中心平台。用户可根据管理权限，查询污水厂现场监控信息。

（3）安防管理中心

安防管理中心集中管理污水厂现场端上传的监测、报警等信息，满足污水厂运行管理办公 OA 系统、数字化生产管理、运维管理、调度决策和移动 APP 等的安全需求。中控室由服务器存储、大屏显示、管理平台、网络安全等组成，还包括部署于服务器和客户端的基础支撑软件。管理平台部署于中心端服务器，满足用户厂区综合管理等业务需求。

2. 涉及到的物联网技术

在污水处理厂内各单元具有分散度高的特点，同时其中包含大量变频设备，电磁环境较复杂。常规有线传感器监测技术因需要大量布线，施工难度也相对较大，信号线缆容易引入干扰，造成监测数据不准确，同时具有移动性差、成本高、扩展性差、设备维护不方便、易受人为或其他频段设备影响等缺点。本方案所提供的无线传感器技术，可以有效解决常规的有线传感器监测技术存在的问题。基于无线通信方式的在线状态监测系统更适用于环境较为恶劣的工业现场，是设备维修的最经济的方式。

3. 技术路线

污水管网运行数据传输、监测与报警系统采用分布式结构，运用先进的传感器终端采集关键部位管道的内部压力、管网污水流量，通过部署在各蓄水池的液位计采集数据，将管道压力数据、管网水流流速数据、各蓄水池的液位数据传输至服务器中。通过定制开发的应用程序对数据进行分析、计算和修订，并与专业化的数据模型进行比对，一旦发现异常数据，结合对应数据模型的预警类别，关联相应的网关程序，并给对应的相关人员推送实时的报警信息。项目技术路线图如图7-2所示。

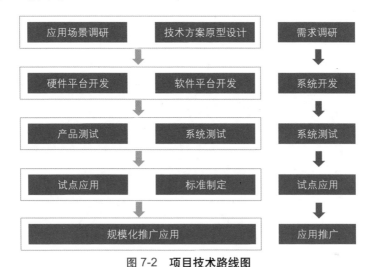

图 7-2　项目技术路线图

① 需求调研：本项目实施之初，对物联网应用场景进行系统调研，对用户需求进行详细分析。根据场景应用需求，设计出系统方案原型，通过对应用场景进行大量深入调研，对系统原型方案进行迭代优化。

② 系统开发：基于系统设计方案，进行系统硬件平台设计和软件平台设计。

③ 系统测试：通过公司建设的先进物联网工程实验室，对所开发的硬件平台及软件平台进行测试，包括感知传感器计量性能、EMC、功耗、环境适应性等，以及软件系统的功能和性能测试。

④ 试点应用：对已经开发成的硬件及软件平台进行小批量应用，在试点场景进行系统布置，通过实际应用，对系统综合性能进行分析评估，进一步优化系统，同时，制定相应的质量管理标准、产品标准等。

⑤ 应用推广：对于已经成熟的系统，进行大规模推广，包括相似应用场景的挖掘、系统批量化生产、系统规模化实施等。

（三）项目创新点和实施效果

1. 项目先进性及创新点

污水处理智慧物联管理系统建设重点包括生产过程监控、自动化控制监控、运维管理、报表记录等，在管理工作中建立了大量数据记录，在这些数据的基础上可以进行数据挖掘、处理和分析，形成更加有效的数据结果，从而为生产管理带来便利，提高分析和决策的科学性，项目先进性及创新点如下。

（1）远程监控技术

该系统采用自动化远程监控技术，对污水处理厂进行工艺监测和设备监测，实现"无人值守"或"少人值守"的目标，降低人工成本。

（2）能耗管理系统

通过对厂站用电量监控，按照工艺段或工艺车间进行横向和纵向分析，并核算总能耗、单位能耗、工艺能耗等数据，节约能耗支出。

（3）报表输出

针对大数据中心采集的各类数据进行挖掘、处理和分析，将同类数据进行关联，设计报表生成、查询和管理等应用模块，按照管理需求生成各种统计报表，并自动上报给决策层。

（4）工艺段仿真可视化展示

各工艺段生产过程在综合信息平台中通过仿真仪表盘进行信息展示，将核心数据精简于形，对复杂的网络管理进行简洁化，实现网络 IT 数据高效、可视化的管理，并对数据进行整合分析，通过可视化大屏展示来帮助业务人员发现、诊断业务问题。

2. 实施效果

本系统应用可提升污水厂程控率、优化系统、精确加药，监测全厂药耗、能耗等，降低运营成本。本系统已投入生产、使用，并取得良好效果，管理系统的成功应用为污水处理企业提供了先进、高效的信息化管理模式，实现专业化、科学化管理决策，明显降低污水处理运营成本，全面提升整体管理水平，极大地提高工作效率。

系统效果良好，实时进行数据采集、语音识别，对出现的异常情况，进行实时响应和远程运维，系统效果如图 7-3 所示。

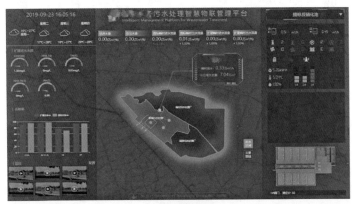

（a）效果图

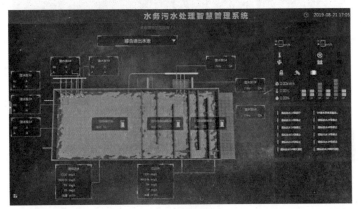

（b）效果图

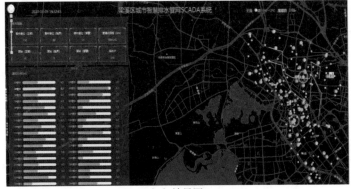

（c）效果图

图 7-3　系统效果图

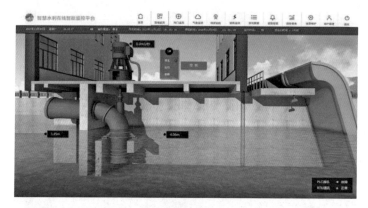

（d）效果图

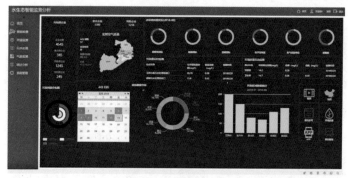

（e）效果图

图7-3 系统效果图（续）

（1）实时监控

系统可实现全方位、全天候、智能化监控。不同系列的监控摄像机可以满足不同场景监控需求，支持云台控制、视频轮巡、监测数据OSD叠加显示等功能。

（2）录像数据存储

根据污水处理厂的特性，系统采用中心集中存储的模式，在中控室部署大容量存储设备，适用于大容量、多通道并发的中心存储需求。

（3）语音识别

特殊监视点位（如泵机房）配置带音频接入功能的摄像机，可采集现场端的音频信息，中控室值班人员可直接监听现场设备的运转声音，来判断设备是否处于正常运行状态。

（4）及时响应

通过视频监控系统和其他辅助监控系统关联，能够提供丰富的视频预案，如客户端联动、报警录像等，提升系统的智能化水平，帮助用户第一时间发现安全隐患，快速响应处置，降低风险。

（5）远程运维

通过管理平台能够对现场端设备进行远程校时、一键重启、参数配置、软件升级等功能，提供远程访问接口。巡检养护人员不必亲临设备现场，就可以修改设备的运行参数，提供设备维护效率。

（6）行为分析

部分污水厂或重点监控区域禁止无关人员进入，如有非法人员进入禁区，则视为紧急事件，通过行为分析和智能跟踪的方式，对现场划分区域，实现安防监控。系统能够对穿越警戒面、区域入侵、进入区域、离开区域等多种行为进行识别和触发报警。

（7）数字化管理

通过管理平台进行全方位管理，提供中心管理、Web 服务、认证授权、日志管理、资产管理、地图管理、流媒体服务、云台代理、存储管理、文件备份、设备代理、移动服务、报警管理、电视墙代理、网管服务等系统服务，提高整套系统的工作效率。

案例8：车路协同系统应用示范工程

基于边缘计算的多传感器融合车路协同路侧系统

——北京万集科技股份有限公司

（一）项目概况

车联网借助新一代信息和通信技术，实现车与车、车与路、车与人、车与服务平台的全方位网络连接，构建汽车和交通服务新业态，为用户提供智能、舒适、安全、节能、高效的综合服务。路侧智慧基站是车联网中"智慧的路"的重要节点，集路侧感知、边缘计算和5G/LTE-V2X技术于一体。本项目是车路协同应用搭建的示范工程，在软件园园区的关键道路、路口，设计安装多个路侧智慧基站，与原有交通设施形成一套闭合的车路协同系统。智慧基站主要包含激光雷达、摄像机、V2X/5G路侧通信和边缘计算单元，基于全覆盖的视频检测、无死角激光扫描、实时传输的V2X/5G网络，实时获取综合交通信息，并通过泛在网络传输到云端，实现车、路、云、人之间的协同交互。

1. 项目背景

2018年交通运输部办公厅发布《关于加快推进新一代国家交通控制网和智慧公路试点的通知》，决定在北京、河北等九省份加快推进新一代国家交通控制网和智慧公路试点，其中车路协同是试点建设的重要内容。2019年9月，国务院印发《交通强国建设纲要》。纲要中提出加速交通基础设施网、运输服务网、能源网与信息网络融合发展。2020年2月，发改委、科技部、工信部等11个部门联合印发《智能汽车创新发展战略》，提出车用无线通信网络（LTE-V2X等）实现区域覆盖，新一代车用无线通信网络（5G-V2X）在部分城市、高速公路逐步开展应用，高精度时空基准服务网络实现全覆盖。

当前，随着国家政策的大力支持，全国各省也积极开展了智能网联汽车产业的推动，车联网处在政策、技术、产业的大爆发时机。然而，目前基于单车智能的自动驾驶系统在感知层面遇到瓶颈，主要体现在感知距离有限、非视距区域感知障碍、大型车辆遮挡等方面，无法对道路运行情况进行精确感知，对车辆自动驾驶的安全性带来隐患，借助智慧基站解决单车感知、计算等方面需求，弥补单车智能存在能力盲区和感知不足，将道路数字化，通过与云和车通信，智慧基站将实现路、车、人信息进行收集和共享。

2. 项目简介

本项目将为中关村软件园园区的重点道路提供基于智慧基站的车路协同解决方案，通过激光雷达、视频摄像机实现交通道路的全方位信息感知，利用智能 AI 边缘计算技术，设计多任务并行学习的路侧异构数据自主感知 – 学习 – 决策协同计算模型，实现对实时数据的智能融合计算，并通过 5G/LTE-V2X 无线通信技术实现与交通参与者的信息交互，从"上帝视角"解决由于视距盲区、信息不畅等各种交通问题，提升道路运行效率，为交通参与者提供全面的交通感知应用服务。

3. 项目目标

本项目的目标主要包括：一是利用感知设备获取的各类道路信息，使用 AI 边缘计算、5G/LTE-V2X 技术解决道路交通信息交互问题；二是通过路侧设备（智慧基站），采用边缘计算技术，实现与车辆的信息交互，在中关村园区内日常行车过程中给司机以及时、准确、按需的安全警示和信息服务，提升驾驶安全性、舒适性和便捷性；三是运用物联网、云计算、5G、C-V2X、大数据、互联网等技术，为中关村园区打造一个智慧化的城市交通出行环境。

（二）项目方案

本项目设计在软件园园区三个点位安装路侧智慧基站系统，同时配合原有交通设备形成一套闭合的车路协同系统，通过激光雷达、视频摄像机、5G/LTE-V2X 路侧通信和边缘计算单元，实现全覆盖的视频检测和激光扫描，以及实时传输的 5G/LTE-V2X 通信网络，获取实时综合交通信息，通过泛在网络传输到云端，同时通过 5G/LTE-V2X 路侧通信单元向所有交通参与者实时进行广播，充分实现车辆主动控制和道路协同管理，以及人 – 车 – 路的有效协同，最终达成提高交通效率、保证交通安全的目的。

1. 整体架构

本次项目的整体架构主要包括多源感知层、数据处理层、传输层和应用层，如图 8-1 所示。

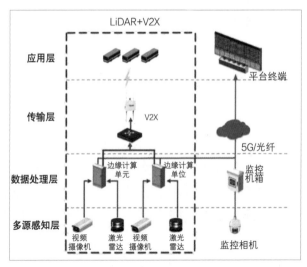

图 8-1　项目整体架构图

（1）多源感知层

采用国内首款针对车路协同应用的路侧 32 线激光雷达，该产品水平视角为 360 度、32 线扫描、探测距离远、精度高，能够感知目标的类别、位置、速度、三维坐标、航向角等信息。视频摄像机采用 360 度环视相机,低照度效果好,图像清晰度高，能够感知目标的类别、颜色纹理等信息。

（2）数据处理层

主要设备为数据处理总成，核心部件包含高性能工控机以及数据融合系统软件、目标识别算法，主要作用是将激光雷达与视频摄像机的数据进行融合，实现无盲区检测，并准确识别目标。其中采用的边缘计算单元具有数据安全性高、低时延、计算速度快等优势，数据处理层是本解决方案的核心竞争力。

（3）传输层

核心部件为自主研发的 5G/LTE-V2X 路侧通信设备及车载单元，以及常规的工业级交换机、光传输设备。

（4）应用层

车载单元智能终端用于将 5G/LTE-V2X 设备的主动安全信息进行呈现，并实现信息服务等丰富的应用。

2. 涉及到的物联网技术

本项目的智慧基站集多源感知融合感知技术、智能 AI 边缘计算技术和 5G/LTE-V2X 无线通信技术于一体，以"上帝视角"全方位精确获取道路交通参与者实时动态信息，并利用 5G/LTE-V2X 无线通信技术将信息传递给周边车辆。其中关键技术包括多源感知技术、AI 边缘计算、5G/LTE-V2X 无线通信技术等。

（1）多传感器融合的路侧智能感知系统

基于视频摄像机、3D 激光雷达作为道路环境感知的主体，布设于城市道路关键和复杂的路口或路段，对所在区域道路环境进行精确感知；AI 边缘节点汇集一定区域范围内的道路环境感知信息，对海量数据进行计算、融合，将处理后的信息进行分发、本地存储、云端上报；感知数据通过 5G/LTE-V2X 通信设备传输至 AI 边缘节点，边缘节点将环境感知数据分析结果通过 5G/LTE-V2X，分发到交通参与者智慧基站路侧智能感知系统。智慧基站 +5G/V2X+MEC 的路侧智能感知系统框架如下图 8-2 所示。

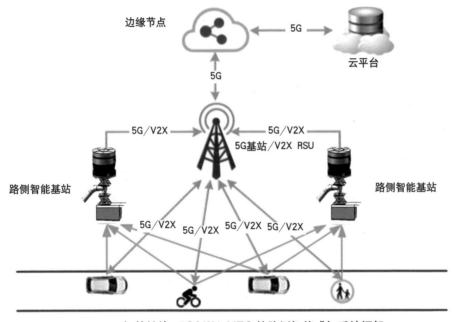

图 8-2　智慧基站 +5G/V2X+MEC 的路侧智能感知系统框架

（2）基于 AI 边缘计算系统

多传感器融合 AI 边缘计算是车路协同路侧系统的关键技术，其接收路侧激光雷达点云数据及视频摄像机图像数据，设计多任务并行学习的路侧异构数据自主感知 – 学习 – 决策协同计算模型，包括开展基于复杂多源异构感知的类脑自主学习与决策，开展具有自纠错能力的新一代神经网络结构设计研究，实现道路交通状况 4D 重构及所有道路交通参与目标的实时动态感知识别，并为交通参与者提供预警、效率优化等交通服务应用，最后通过 5G/LTE-V2X 实现交通数据的车路交互，同时可以上传到云端中心。

（3）基于 5G/LTE-V2X 的信息传输系统

车用无线通信技术（Vehicle to Everything，V2X）是将车辆与一切事物相连接的新一代信息通信技术，支持实现车与车（V2X）、车与路侧基础设施（V2I）、车与人（V2P）、车与平台（V2N/V2C）的全方位连接和信息交互。

万集科技目前拥有自主知识产权的 LTE-V 通信设备，设备系统由路侧系统和车载系统两部分组成，LTE-V 通信终端充分借鉴了日美已经成熟的 DSRC 硬件设计方案，在功能模块和接口的设计上与 DSRC 通信终端类似。不同的是，LTE-V 通信终端采用的是符合 3GPP R14 标准要求的国产 LTE-V 模组。因此，基于 LTE-V 的通信设备已经实现了全部国产化，不再需要对任何进口技术或者配件产生依赖。

3. 技术路线

本项目在车路协同发展的大趋势下，对国内外研究现状、存在的问题进行总结，并提出本项目要突破的三个关键技术，分别为多传感器融合的路侧智能感知系统、基于 AI 边缘计算系统、基于 5G/V2X 的信息传输系统，然后针对要研究的三个关键技术进行示范应用与评估优化。本项目从"需求分析－机理与关键技术－系统集成－示范应用与评估优化"4 个层次展开，技术路线如图 8-3 所示。

（1）需求分析：本项目通过对自动驾驶和车路协同国内外研究现状的充分调研和梳理，针对单车智能感知存在的缺陷，提出智能 AI 使能的车路协同系统，并且对车路协同相关技术进行了系统分析。

（2）机理与关键技术：针对本项目要研究的三个关键技术，分别从技术调研、建模、优化算法、评价指标和实验验证等层面进行了具体研究。

（3）系统集成：本项目集成路侧感知模块、边缘计算模块和通信传输模块，通过资源的高效分配、低时延数据计算和实时传输等，实现基于边缘计算的多传感器融合车路协同集成系统。

（4）示范应用与评估优化：本项目设计多点协同混合式装备架构，开展智慧园区的示范应用，并基于数据进行系统改进，提高车辆行驶的安全性和道路通行的效率。

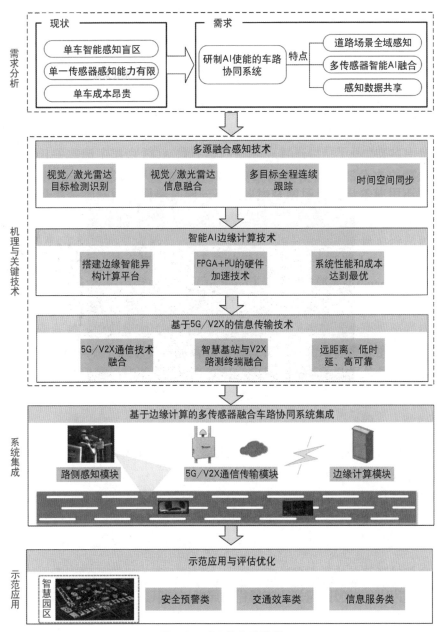

图 8-3　项目技术路线图

（三）项目创新点和实施效果

1. 项目先进性及创新点

（1）多源融合感知技术

多源融合感知技术能够融合激光雷达和图像，可以有效发挥激光雷达距离信息和彩色摄像机图像颜色信息的互补优势。在多传感器感知融合的基础上，进行信息交互，能够最大限度地获取周边环境信息，为了实现激光雷达与相机的融合，本项目基于路侧智慧基站的应用场景，创新地研发出一套自标定软件，极大地提高了标定效率。激光雷达点云数据如图 8-4 所示。

图 8-4　激光雷达点云数据图

（2）智能 AI 边缘计算技术

本项目基于深度学习的"激光雷达点云数据 + 视频图像数据"的融合算法的自主研发，实现高可靠、低延时、高检测的道路信息全面感知，实现道路交通数据的时空同步，从数据上融合 3D 激光雷达在距离定位、速度检测的定位优势和视频在颜色、纹理等方面的优势，全天候实时检测。AI 深度学习的硬件加速技术，针对多源数据场景下深度学习模型的图像处理任务，设计了专用的边缘侧硬件加速器，以在完整实现网络模型功能的同时达到一定的加速效果。软硬件功能划分的策略是将计算密集、耗时占比较高的部分在专用硬件进行加速，而其余部分则由主机端直接实现对应的软件功能模块。

（3）基于 5G/V2X 的信息传输技术

基于 5G/V2X 的通信传输技术是 5G 无线通信技术与 V2X 无线通信技术的融合，它可以保证远距离、低时延、高可靠的通信能力，实现路侧边缘云、车端边缘云和中心云的"三云互通"。路侧智慧基站 +V2I 的车路协同方案是目前唯一能够让 V2X 实现 P2V 功能的技术方案，真正实现车路协同提升车辆驾驶安全。路侧智慧基站 +V2I 的车路协同方案如图 8-5 所示。

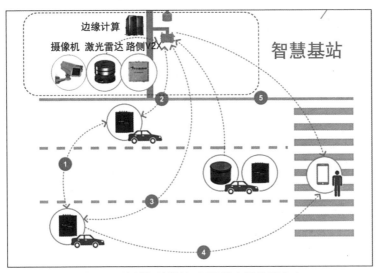

图 8-5 路侧智慧基站 +V2I 的车路协同方案

2. 实施效果

本项目建设中涉及多源感知（如激光雷达、视频摄像机）设备、AI 边缘计算及 5G/LTE-V2X 路侧通信设备，在中关村园区道路重点十字路口布设智慧基站系统，实现路口交通参与者的全息动态采集，为具备 5G/LTE-V2X 通信设备的车辆提供信息服务。本项目的实施效果如图 8-6 所示，具体可以从提升政府精细化管理水平、提升公众出行服务水平和引领交通服务产业变革三个方面来介绍。

图 8-6 项目实施效果图

69

① 提升政府精细化管理水平，增强交通信息服务和管控能力。

本项目基于传感网分布式信息融合感知技术的实现，使交通信息感知理念从"局部静态＋固定中心式"感知向"全局动态＋移动分布式"感知转变，极大提升了政府精细化管理水平。

② 全面提升公众出行服务水平，促进城市节能减排。

本项目可以提供实时准确的综合交通信息，不仅让出行者能够享受非常方便的实时信息服务，还能帮助公众根据实时信息对其交通行为做出相应的调整，科学合理地规划最佳出行路径，减少总出行时间，减少延误，缓解交通拥堵。

③ 引领交通服务产业变革，促进现代服务业发展。

本项目成果覆盖智能基础设施、智慧路网等行业前沿领域，实现智能交通行业的快速应用扩展，促进物联网、大数据、移动通信、互联网等现代信息技术与交通运输服务传统产业深度融合。

案例 9：支撑多业务综合应用的物联网基础平台

实现物联设备的集约建设，提高城市综合治理能力
——中通服咨询设计研究院有限公司

（一）项目概况

物联感知平台建设项目打造了服务全区各类智慧城市物联网应用的物联网基础平台。该平台实现了全区部署的各类物联感知设备的统一接入，支持有关部门在一个平台各自进行设备运行管理与维护，对物联感知数据采集、整合与汇聚的全过程进行全生命周期的质量监控，并提供实时的异常提醒。平台结合了 GIS 技术，直观展示全区物联感知设备的建设情况及各类实时、统计数据，并向区大数据平台实时推送感知数据，支撑各类智慧城市系统应用。物联网基础平台的建设，实现了物联设备的集约建设，确保了物联数据的开放共享，简化了物联应用的实施难度，提升了城市综合治理水平。

1. 项目背景

物联网技术在智慧城市领域得到了广泛应用，水质监测、空气质量监测、桥梁隧道边坡监测、智慧路灯等应用层出不穷，丰富了城市治理手段，提升了人居环境。但一个个独立的业务应用形成了烟囱式的建设模式，感知数据难以共享使用，感知设备重复建设的现象也时有发生。某区在进行新一轮智慧城市建设总体规划时，充分调研分析了物联网应用的建设现状及不足，根据《智慧城市 顶层设计指南》（GB/T 36333—2018）标准，提出了构建基础设施集约智能、信息资源共享开放、政务管理高效协同、民生服务主动便捷、产业发展转型升级、数据融合跨界创新的发展体系目标。制定了建设全区物联感知平台的任务，把该区打造成为"深度感知、数据驱动"的智慧城市标杆城区。

2. 项目简介

物联感知平台是区政数局建设的智慧城市基础能力平台之一，通过建设应用服务平台、运行管理平台、能力支撑平台和感知数据中心几大功能板块，实现了对全区各类物联网设备的统一接入、统一运维，并对物联数据的统一采集、统一展示、统一共享。平台兼容 3G、4G、有线等各类通信手段，对接各类设

71

备的通信协议、数据协议，实现了数据质量的全生命周期管理。通过对有关部门提供标准化的设备运行管理与维护的功能和实时的感知数据服务，降低了物联感知数据的使用成本，提高了感知数据的数据质量，使有关部门能够更专注于对物联数据的应用，提升业务能力，为区领导直观展示物联设施建设情况，及人居环境、城市设施的实时状态，对城市的日常管理、应急处理提供了重要抓手。良好的建设模式和稳健的平台能力，也为将来更多物联设备的接入、更多物联应用的产生夯实了基础。

3. 项目目标

本项目主要任务是要对该区各职能部门业务的信息采集需求进行统一的物联感知平台建设，具体目标如下。

① 通过对智慧环水、智慧规土、智慧交通等应用的信息采集需求的汇总，去除业务重叠部分，对跨部门、跨领域的传感器进行统一的规划设计和布点实施。

② 将物联感知数据汇聚到区信息中心统一建设的物联感知平台上，以便区各职能部门建设的智慧应用进行数据调用。

③ 统一的物联感知平台对物联感知数据进行采集、整合与汇聚，提供物联感知数据的综合展示分析功能，并向大数据平台及各委办局应用系统提供物联感知数据，提升智慧城市治理水平。

（二）项目方案

建设物联感知平台针对各委办局的业务管理和数据分析需要，实现感知物联网感知设备的统一管理。基于物联感知平台建设，屏蔽物联终端接入协议的复杂性，对各类监测对象进行指标项数据采集，并确保数据采集、分享过程的高效、稳定、准确，能够将物联感知数据提供给大数据平台或各委办局业务系统，以便区各职能部门建设的智慧应用进行数据调用，强化城市精细化管理能力。

1. 整体架构

物联感知平台由物联网应用服务平台、物联网运行管理平台、业务能力支撑平台、物联网感知数据中心、传感网络、传感设备、信息安全保障体系及物联网标准规范体系等板块组成。应用服务平台板块目前建成了物联网综合展示子系统，物联网运行管理平台板块目前建成了物联网接入子系统、物联网运维子系统，业务能力支撑平台板块提供了统一身份认证、GIS 服务、通知服务、图表工具等能力服务，感知数据中心板块已建成采集数据库和基础数据库。物联网感知平台整体架构如图 9-1 所示。

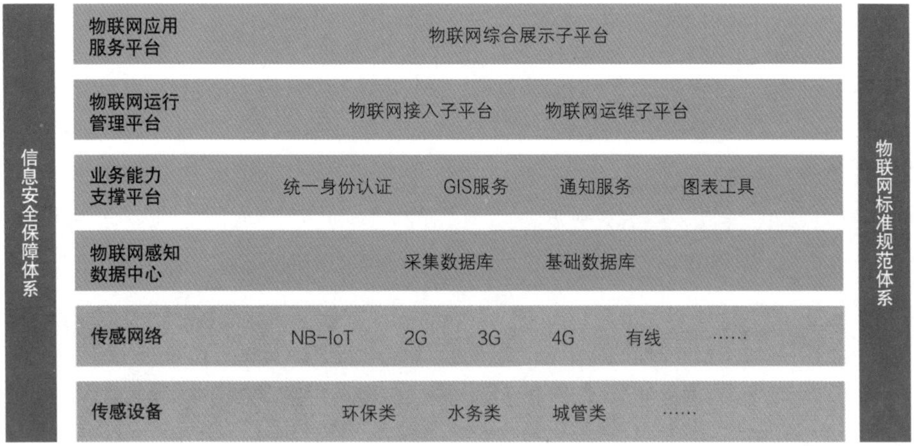

信息安全保障体系	物联网应用服务平台	物联网综合展示子平台				物联网标准规范体系
	物联网运行管理平台	物联网接入子平台		物联网运维子平台		
	业务能力支撑平台	统一身份认证	GIS服务	通知服务	图表工具	
	物联网感知数据中心	采集数据库		基础数据库		
	传感网络	NB-IoT　2G　3G　4G　有线　……				
	传感设备	环保类　水务类　城管类　……				

图 9-1　物联网感知平台整体架构图

（1）物联网应用服务平台

该平台包括物联网综合展示子平台，是对外展示物联感知工作建设成果的重要窗口。物联感知综合展示子平台展示的主要内容包括：基本信息展示、总体态势、详细态势、数据质量统计等。

（2）物联网运行管理平台

该平台包括物联网感知接入子平台和物联网感知运维子平台。物联网感知接入子平台采用实时数据流式处理架构设计，提供设备接入、数据获取、数据解析、数据存储等功能。物联网感知运维子平台维护平台运行所需要的各类配置信息，并提供各类采集数据的基本查询功能。主要功能包括设备管理、监测指标管理、应用配置、数据查询等。

（3）业务能力支撑平台

该平台提供业务支撑及业务协同相关的各类组件服务，统一通用能力标准并提高复用度，主要提供统一身份认证、GIS 展示服务、通知服务、图表工具等应用服务。

（4）物联网感知数据中心

物联网感知数据中心由采集数据库、基础数据库两类数据库组成，实现业务数据集中采集、集中存储、集中管理、集中使用。

（5）传感网络

传感网络包括 2G、3G、4G、NB-IoT、有线等网络技术。

（6）传感设备

传感设备包括环保类、水务类、城管类传感设备。

2. 涉及到的物联网技术

本案例中的物联感知平台能够适配多种网络技术，包括 3G、4G、NB-IoT、eMTC、5G、有线等多种网络接入。平台提供可扩展的设备接入适配服务，兼容各有关部门终端设备接入，实现差异化采集设备的协议转换，对各类感知设备统一接入和控制。平台现已支持空气、噪声、水质、水位、地磁等各类传感设备的接入。

3. 技术路线

物联感知平台通过采用先进的技术手段，切合用户的方案设计，以集约化的设备管理及良好的用户体验为指导和方针，着力打造一个先进、可靠、安全、实用的物联网感知平台。本项目的技术路线包括：项目准备阶段、总体技术方案设计、技术实现、集成与测试阶段以及应用与推广阶段。

项目技术路线如图 9-2 所示。

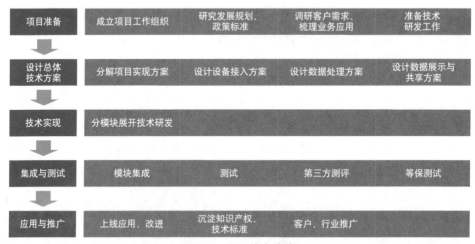

图 9-2　项目技术路线

① 项目准备：研究区政府对智慧城市建设的发展规划，研究国家政策和技术标准；调研各有关部门现有的物联网应用及未来的应用规划，梳理物联感知平台应具备的各项功能。

② 设计总体技术方案：从项目需求出发，组织技术人员分析达成项目目标

的关键技术问题，拟定从设备接入、数据处理、数据展示与共享三个方面开展总体技术方案研究、编制工作。设备接入方案重点解决多种类设备、多种类通信协议的适配问题；数据处理方案重点解决大数据量、高并发需求下的数据获取、解析、存储问题，并考虑系统的容错性、扩展性；数据展示与共享方案重点解决物联感知平台关键数据的分析提取，数据直观优美展现形式，数据合理的共享方式等问题。

③ 技术实现：根据总体技术方案，结合在硬件、软件、通信方面的技术能力，对物联感知平台需要建设的各功能模块进行技术实现。

④ 集成与测试：将已经实现的技术模块集成，并展开相应的测试工作，邀请第三方机构进行软件测评、等保测试等工作。

⑤ 应用与推广：物联感知平台上线应用，并收集改进意见，不断完善。将项目研发过程中的各种经验、成果沉淀形成知识产权、技术标准等。在后继项目中复用项目成果并持续改进，并向客户、行业组织推广介绍项目建设经验、技术方案等。

（三）项目创新点和实施效果

1. 项目先进性及创新点

物联感知平台建设充分参考了智慧城市建设设计的国家标准，从基础设施架构、数据架构、应用架构等各层面进行了物联感知体系的建设实践，解决了早期物联应用建设中遇到的一些问题，取得了良好的效果，项目先进性及创新性如下。

（1）1+N 建设模式

本项目按照"1+N"的模式开展建设，建设 1 个物联网平台，实现 N 种通信方式、N 种感知设备的接入适配，并支撑 N 种物联感知应用。1 个物联感知平台，能够优化数据处理流程，提供标准化的数据服务，确保感知体系的兼容性、可靠性、先进性和可扩展性。N 种通信方式、感知设备、感知应用，满足智慧城市感知体系建设中的各种需求。"1+N"的建设模式，更加符合政府各部门的职责分工。这种模式解决了传统烟囱式建设方法带来的种种弊端，在物联感知这种多专业融合的应用领域非常适合，对信息化系统的建设也有参考价值。"1+N"的建设模式示意图如图 9-3 所示。

 1+N的建设模式

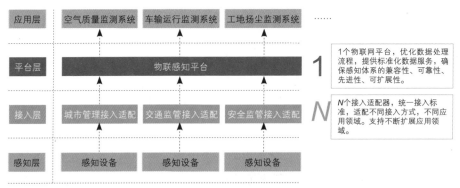

图 9-3　"1+N"的建设模式示意图

（2）规范平台标准

物联感知平台需要接入各种传感设备数据，还要向上层应用系统共享不同类型的感知数据。为了规范不同系统之间的信息互通，物联感知平台制定了物联感知设备接入规范，以约束各个系统之间的数据交互方式。这些规范包括：数据交互接口规范、协议流程规范和使用要求等。

2. 实施效果

物联感知平台的建设成果，初步实现了"深度感知、数据驱动"的建设目标。目前已接入空气质量、水质量、噪声、应力等数 10 类传感器，实时监测城市状态，并为环水局、交通局、规土委等各部门提供感知数据，支撑智慧应用。实施效果主要体现在如下三个方面。

（1）打造整体物联感知体系

在智慧城市建设总体框架下，按照集约化统筹建设的思路打造覆盖面广泛、功能完善、运行稳定的物联感知体系和视频监控联网共享体系。通过共性的城市核心应用能力支撑平台，对物联感知数据和视频数据进行采集、整合与汇聚，以可视化视图直观展示城市状态感知信息，同时实现物联感知数据和视频数据面向区各专项应用共享开放。通过平台面向智慧城市各专项应用提供全面数据资源服务，为区各职能部门提供感知数据，打造整体物联感知体系。

（2）提升城市综合治理水平

结合该区城市开发、更新的重大机遇，同步考虑传感器的布设，通过构建万物互联的感知体系，抢占应用先机。统筹该区各职能部门业务数据采集需求，以集约建设的理念推进全区物联感知传感终端布设，最大程度实现设备复用，对城区的安防、环境、河道、市政设施、重点危险源等信息进行标识、定位、

采样、管理和控制，全面提升城区智能感知水平，以智能化手段促进城市治理模式转变、治理能力提升，进而打造万物互联下城市治理模式创新的示范。

（3）加速信息资源共享

物联感知平台是基于数据资源共享需要而建，可以实现全区感知资源的联网和共享，以满足政府及相关职能部门的数据应用需求，提升政府管理能力。通过构建物联感知平台实现了政府各职能部门信息系统的信息能够在同一平台共享，打破信息孤岛、促进各级政府机构内部的有机结合，建立动态的应用模式、保证功能健全，及时更新信息。

案例 10：武汉天河构建绿色高效智慧机场

物联网打造产业新引擎，"智慧化"带来民生新气象
——武汉菲奥达物联科技有限公司

（一）项目概况

武汉天河机场动力环境系统项目，以物联网为基础，以感知为核心，用智慧化推动系统实施和集成，快速建设，不用开墙布线，两周内完成大部分实施部署，实现机场设备、能源、环境三维一体的管理需求，并提供平台及移动端等多维管理方式，延伸管理触角，助力天河机场构建成为绿色高效智慧的现代化机场。

1. 项目背景

当前，民航局持续推进"平安机场、绿色机场、智慧机场、人文机场"建设，全力推进新时代机场的高质量发展和民航强国建设。武汉天河机场是中部地区首家 4F 级民用国际机场。天河机场吞吐量大，航站楼本身面积大、玻璃幕墙多、空间高、设备多、内部人流密度不易把控。而传统的管理方式存在着以下痛点。

① 设备需求分散。机场机电设备种类多，物理空间非常分散，人工巡检周期长，无法实时监控预警。

② 管理手段传统单一。依赖传统人力巡检的方式效率低下且容易出错，无法快速定位出故障和设备问题。

③ 实施限制多。传统布线方式施工复杂、代价高、影响美观，运营要求高、实施成本高、影响客户体验。

④ 缺乏统一的数据呈现。传统图表和数据仪表盘难以体现庞杂的业务数据，冗杂零散的数据，难以充分为领导的决策提供重要的支撑。

面对这些痛点难点，菲奥达及时与机场方面对接，综合考察项目方方面面的应用需求和技术难题，并形成磋商文件。通过技术及管理创新，确定实施方案，用智慧化手段保证项目实现绿色节能和质量安全的目标。

2.项目简介

武汉天河机场动力环境系统项目，以现有机场运营情况为依托，结合机场发展规划统一全面考虑，综合规划旅客、安全、管理、决策等各方需求，通过云－管－边－端的方式，充分延伸管理触角，以物联网智能硬件为抓手，以高并发、低时延、工业级可靠的 FSI 物联云平台为支撑，提供便捷的消防、环境、能耗、资产等综合管控能力，实现高效可靠的管理，帮助天河机场降本增效，实现安全、绿色、智能化的集约式发展。

3.项目目标

本项目以物联网为基础，以感知为核心，用智慧化推动系统实施和集成，构建绿色高效智慧机场，本项目共分 3 期进行，每一期目标如下。

一期目标：在 LPWAN（Low-Power Wide-Area Network，低功率广域网络）网络覆盖内，提供天河机场内外（温湿度／气压）的实时监测，并联动机场空调，提升机场服务水平。

二期目标：在 LPWAN 网络覆盖内，提供天河机场机房动力与环境物联网监控，提供机房能源、电力安全、消防等状态的监控，为机场机房的稳定工作，实时保驾护航。

三期目标：在 LPWAN 网络覆盖内，对机场多存量品牌水电表的升级及现有系统接入，实现统一远程管理及能源数据精准计量。

（二）项目方案

本项目通过 LPWAN 无线传输技术能完美满足机场数据采集和升级改造的技术要求和实施要求，LPWAN 无线传输技术具有覆盖广、成本低、功耗低、部署简单、支持大量连接等诸多优点，并且具备高度的开放性和灵活性。本项目结合互联网、大数据、人工智能等技术，将机场建筑的结构、系统、服务和管理依据用户的需求进行最优化组合，为用户提供一个高效、舒适、节能、环保、便利的人性化建筑环境，使实施和运营成本大幅缩减。

1.整体架构

本项目借助 LPWAN 宽窄融合技术，以数据驱动和数据分析为基础，打造机场"能耗信息总览＋设施设备数据＋机场运营数据"的完整体系，重构智慧机场管理系统，构造绿色安全现代化机场。天河机场项目系统架构如图 10-1 所示。

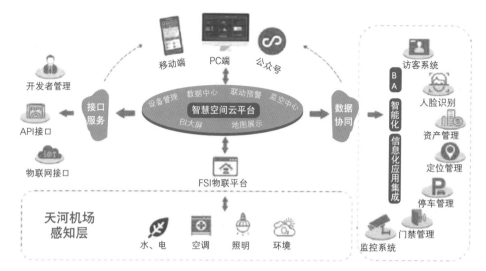

图 10-1　天河机场项目系统架构图

机场综合管理平台及移动端，提供便捷的安防、消防、环境、能耗、资产等综合管控能力，实现高效可靠管理。天河机场机场能耗和机场运营数据总览如图 10-2 和图 10-3 所示。

图 10-2　天河机场机场能耗信息总览

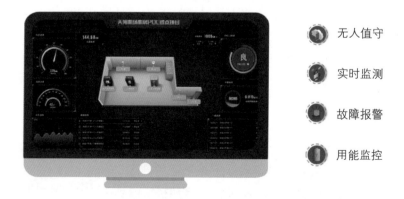

图 10-3　天河机场机场运营数据总览

2. 涉及到的物联网技术

本项目在进行天河机场动力环境升级改造过程中，运用了 LPWAN 宽窄融合技术、物联网云平台技术等。

（1）LPWAN 宽窄融合网络技术

① 全方位网络覆盖

通过布设全方位覆盖的物联网基站，采用 LPWAN 宽窄融合网络，对机场进行广域覆盖，LPWAN 网络使 IoT 设备与基站之间的通信距离可达 3 ～ 20 km。利用低功耗的优势有助于降低与物联网设备相关的成本。

② 动态感知

采用 IoT 设备，利用 LPWAN 低功耗广域网无线传输、抗干扰能力强、超低功耗、运行稳定的特点。以物联网感知设备为核心、FSI 物联平台宽窄融合技术为支撑、机场综合管理平台提供智能 AI 与数据分析等业务服务，利用智慧化推动系统实施和集成，实现机场设备、能源、安防、环境四维一体的管理需求。

（2）物联云平台技术

① 精准数据搜索技术

采用窄带物联网技术（LPWAN 为代表技术）7×24 小时全方位无间断对旅客重点活动部位的温度、湿度环境指标进行监测，由数据中心整理并通过互联网传输至阿里云平台，进行大数据分析处理，确保数据采集传输准确及时。利用数据中心的数据交换与共享平台，从现有的应用系统数据中抽取出需要共享的数据，使共享数据平台成为智慧空间平台内唯一的全面的数据源，完成数据层的集成，同时为相关应用系统提供共享数据访问服务，即数据订阅，为在范围内进行综合数据分析服务，提供完备、有效、可信的数据基础。

② 多协议接入技术

物联云平台支持多协议设备接入，解决跨协议、跨数据、跨厂家、跨设备类型统一物联数据模型，提供快速上云的设备接入能力，开放南北向接入解析、生命周期管理、模拟测试、监控预警。通过采用动态语言，实现多场景下多业务形态规则引擎脚本化、规则化、配置化，达到设备的互联互通。

③ 高效云计算分析

采集传输的基础信息数据经过人工智能分析，对提炼出的关键元素进行分类、分时、分需求的独立分析存储。采用 BI 智能技术对数据进行归集提炼，多元化展示监测数据变化过程与对比统计分析结果，为机场环境运营管理提供有效分析决策手段与依据。

④ 多元化监测预警技术

集成 AI 联动平台服务，对各类设备数据进行监测比对。通过自定义预设报警数据规则，提供多种报警提醒方式，对异常数据进行分级、分对象的及时提醒，物业可以有效快速定位问题地点与原因。

⑤ 开放扩展

全面支持 XML、SOAP、Web Service、LDAP 等当前受到普遍支持的开放标准，实现该系统与其他平台的应用系统、数据库等之间的互操作和互联互通。通过系统平台提供的扩展能力，实现多服务器集群协同工作，实时检测服务器状态，自动负载平衡，以实现大用户量并发处理和高效的网页浏览速度。

⑥ 安全保障

基于阿里云计算的应用，在安全等级、交叉验证、网络安全等各个环节采取有力措施，保证系统的整体安全性。同时，系统支持多种操作系统和各种主流软件，采用可靠的操作系统和数据库系统，在企业信息管理平台系统的应用中充分考虑了系统的冗余和安全性，使整个系统不存在单点故障。

3. 技术路线

本项目的技术路线是从项目的需求调研、技术能力、业务集成和场景赋能四个阶段来实现的，以实现机场设备、能源、安防、环境四维一体的管理需求。项目技术路线图如图 10-4 所示。

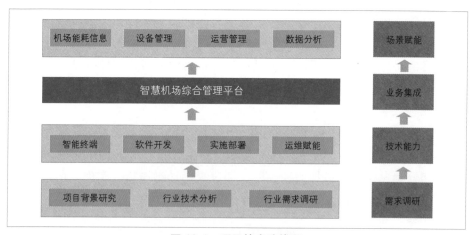

图 10-4　项目技术路线图

① 需求调研：传统机场建设，存在设备需求分散、传统施工方式复杂、运营成本高、缺乏统一数据呈现、管理手段传统单一等问题。针对智慧机场项目提炼出成熟的技术方案，对现有智慧机场建设的标准和技术路线有深入的研

究；针对行业的痛点，利用自身宽窄带融合快速赋能的优势，提供空间场景一站式智慧解决方案与多维数据赋能场景全生命周期运营、管理、决策，助力机场项目实现数字化、网络化、可视化、智慧化。

② 技术能力：利用菲奥达在 LPWAN 技术的优势，集软硬件开发能力，在项目中以物联网设计、交付、运营为主。在项目中，运用物联网、大数据、AI 等技术，为智慧机场项目提供宽窄带融合的物联网运维能力。自主研发 FSI 物联云平台是国内物联网领域领先的物联网平台，以云 + 业务引擎的方式，为智慧机场打造统一服务平台及应用生态，提供安全可靠的设备连接通信能力及设备数据上云服务；自主研发的"天工"智慧空间云平台，以人工智能 + 物联网应用技术为核心，利用智能物联硬件、FSI 物联平台的多协议融合，通过"天工"应用软件为机场提供安防、消防、能源、环境与基础设施运营管理，提供多维数据管理，赋能智慧机场一站式物联智慧管理。

③ 业务集成：通过物联网技术实现机场的安防、消防、环境、能耗、资产等综合场景的业务集成，以 FSI 物联网平台的多网融合和快速接入能力，实现快速接入、快速部署、快速联动，在较短的时间内实现互联互通、业务融合。

④ 场景赋能：由于机场的业务场景较为标准化，通过对多个机场的需求共性进行比对，以数据驱动和数据分析为基础，专为打造机场"能耗信息总览 + 设施设备数据 + 机场运营数据"的完整体系，构建智慧机场管理系统，打造绿色安全现代化机场，形成标准化的物联网快速交付，实现可复制的智慧机场推广应用。

（三）项目创新点和实施效果

1. 项目先进性及创新点

本项目以 LPWAN 综合生态产品，利用远距离、功耗低、低运维成本等特点，在真正意义上实现了大区域物联网低成本全覆盖。本项目的先进性及创新点如下。

① 项目集成了各种智能设备，对接了各类专业领域应用系统（如动力系统、能源系统、GIS 地图等），通过灵活的配置快速定制行业产品，并基于大数据采集、行业模型分析，为机场的运营降本增效。

② 天河机场项目也将 AI 智能联动功能不断融入到系统搭建和改造之中，除了在前端采集多维度的运营数据，系统还能通过算法优先和远程升级等核心

技术手段，提供深度机器学习和嵌入式推理，为无人化运营提供数据支撑。

③ 系统正在基于红外图像进行人流检测，实现不间断自动监控，以登机口候机人群人数为参数，与温湿度管理系统相配合，构建一套可以不断学习、自动采集数据、自动更新的温控程序。

2. 实施效果

项目中一站式机房解决方案，实现快速部署，为机场机房运营提供自检、监控管理手段；快速搭建消防体系，降低消防风险，有效解决机场火灾监管死角难题，全面扼制火灾隐患。安检管理采用人脸、身份证等多种查验通行方式，通过对人脸信息和时间的不同组合、匹配，实现对旅客全面通行管理和便捷服务。能源管理，通过远程管理降低管理成本，提升管理监管力度；设备小投入，告别公共区能耗浪费问题时代；全面保障机场用电，漏电、剩余电流过高自动报警。机场环境监测，实现监控机场公共场所各区域各类环保指标实际大小，作为评判和定位机场环境、污染源、噪音源的重要依据。

经过菲奥达智慧机场动力环境综合管理系统的应用，仅架设三台物联网LPWAN基站，天河机场即可将数百台基于LPWAN通信技术的物联网体系产品，包括智能水表、智能电表、烟感、温湿度传感器等，进行结构化数据联通，实现颠覆式创新和数据汇聚，而且窄带物联网传输数据几乎零成本，解决了传统的公网传输费用高、基础建设成本大的问题。项目的改造带来新一轮成本降低、稳定度提高的改革升级，为机场运营方、管理者提高了管理水平。

系统还可以利用大数据平台的报表工具整合各类环境和耗能数据，通过图形化、可拖曳的操作，快速搭建各类统计模型，为机场运营和管理方提供查询和统计服务，极大地提高了机场的运营效率，降低了人力成本，避免了手工抄表和汇总的重复机械工作，提高了数据采集的正确率。

目前天河机场项目具有先进、成熟的软硬件支撑基础，提供安全、稳定、可靠的策略性系统保障，系统平均无故障率大于99.6%，数据交互准确率为100%，为天河机场实现人员、设备、空间、能源的集约化管理提供了有力的保障。

案例11：基于低轨物联网卫星星座的森林火灾监测系统

卫星物联网应用于复杂环境森林火灾监测预警

——北京国电高科科技有限公司

（一）项目概况

国电高科天启卫星物联网针对我国森林防火形势与现状，分析森林防火监管技术需求，提出融合应用卫星物联网、卫星通信、大数据等手段构建天地一体化森林防火监测体系。通过卫星物联网监测分系统、通信传输分系统和态势指挥分系统的设计，解决当前森林防火中存在的多源观测数据获取、处理能力不足，数据实时传输能力差，现场态势掌握和态势发布能力不足等问题，以期全面提升我国森林火情预警、火情实时态势监控、火情态势分析、灾后评估等方面的能力。

1. 项目背景

森林资源对地球生态系统和人类生产生活的重要性，森林火灾的多发性，以及地球森林资源匮乏的现状，迫使人们对森林火灾的探测及预防工作越来越重视。自20世纪70年代开始，人们就展开对火灾的学习和研究，经过相当长一段时间的发展，人们在火灾及其预防方面取得了相当大的进步。然而对于森林火灾的研究，我国仍面临着巨大的困难和挑战，特别是对于火灾早期的探测和预警方面仍存在问题：第一，森林防火探测手段落后，无法适应日趋复杂的森林防火形势。第二，森林防火信息化水平低，通信覆盖能力不足。林区现有防火通信覆盖率仅为70.0%，存在较大盲区，卫星通信、机动通信保障能力不强。第三，森林防火预警监测体系不够完善，预警精准度不高。

针对以上问题，本项目将建设我国首个窄带物联网卫星星座，利用卫星提供物联网数据通信服务，具有全球覆盖、准实时、小型化、低功耗和低成本等特点，能够有效补充地面通信网络覆盖盲区，真正实现空中、海洋和地面的万物互联，构建天地一体的卫星物联网生态系统，全面解决海上、空中以及陆地网络盲区（我国有70%以上陆地没有网路覆盖）的物联网数据通信问题。有效提升森林通信覆盖能力，提高森林防火行业信息化水平。本项目对于突破相关技术瓶颈、推进森林火情预警的精准化和高效化具有重要意义。

2. 项目简介

采用卫星物联网星座代替遥感卫星进行天地一体化森林防火监测体系建设是火灾监测中采集、通信、指挥等方面的发展趋势。该项目利用卫星通信，实现应急指挥中心与灾害事故现场之间的通信。预计到 2022 年，实现应急管理全面感知动态监测、智能预警、扁平指挥、快速处置、精准监管、人性服务、信息化发展达到国际领先水平。

该项目研发森林火灾的特性及相应的监测预防技术，设计开发合理有效的火灾监测预警和应急指挥系统。旨在做好林火发生前的预防监测工作，通过前沿科技手段及时准确监测森林火情，实现在火灾初期发现并报警，降低森林火灾给地球生态系统和人类生产生活带来的危害，保障森林的安全生长、人们的安定生活，提升森林火灾应急防控能力，促进我国森林火灾应急防控产业技术升级，保护森林资源，维护生态平衡。

3. 项目目标

本项目的目标是对复杂环境下森林的火灾进行高灵敏度监测和预警，并通过低轨窄带卫星物联网全天候广域覆盖现有通信盲区。研制广域卫星小基站系统及一体化传感器终端设备，实现两个场景下各配备 20 个带传感器的一体化终端，每处建设覆盖直径为 60 米的卫星基站小区，并在北京林区森林防灾中进行应用示范。

（二）项目方案

针对复杂森林条件下，特别是高山通信盲区、野外夜间超低照度条件下森林防火监测与预警的及时性和准确性问题，基于卫星物联网星座通信、微光夜视技术、人工智能和大数据等，研究以窄带卫星物联网为主的天地协同通信技术、低照度条件下影像信息的采集技术，以及基于多源信息融合的精准实时预警技术，突破恶劣环境下和复杂地理条件下多模态森林火情信息灵敏采集、高效传输和精准识别技术瓶颈，研制高灵敏、高效、高精准度的恶劣复杂森林环境火情监测预警平台，实现昼夜对森林防火敏感地带的监测与防控，提高监测与预警的及时性、准确性。

1. 整体架构

本项目针对三个科学问题，将系统对应分解为三个子系统加以解决。通过复杂低照度森林环境高灵敏度火情探测子系统解决火情探测问题；通过低轨窄带卫星物联网，对森林火情的信息进行采集和检测，解决高山等恶劣环境通信盲区的信号覆盖；通过基于人工智能和大数据的森林火情预警技术构建智能大数据系统，解决森林火情精确预警的问题，本项目系统整体框架如图 11-1 所示。

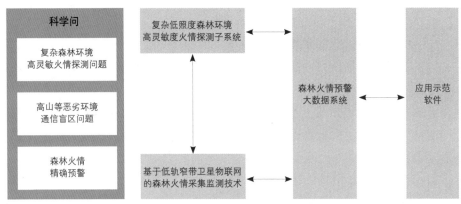

图 11-1　本项目系统整体框架

2. 涉及的物联网技术

本项目方案充分应用了基于低轨卫星物联网的一体化传感器技术实现通信盲区自动监测与预警"零突破"。通过基于卫星物联网星座通信的方法建设低轨卫星监测预警体系，实现在高山通信盲区和复杂条件下高精度采集与预警"零突破"。基于现有的 6 颗卫星，能够保证每个采集端卫星 3 小时过顶一次，每次 5 ～ 10 分钟，相对于人工巡查的方式，有了质的飞跃。根据国电高科的星座组网计划，未来三年将有 38 颗星座卫星在轨运行，能够保证每个采集端准实时通信，实现全天候大范围广域覆盖，届时预警时间将控制在 5 分钟内，理想情况下能够实时预警。

3. 技术路线

（1）需求分析

要避免森林火灾，关键是应做好灵活的预警工作。但森林地区多数属于高山覆盖区域，采用遥感卫星也只能在火灾发生时拍摄照片，无法起到预警作用。基于卫星物联网技术和地理位置信息技术相结合，进行林火的卫星预警在技术上是成熟、可行的。再根据人工智能技术和大数据模型的结合，通过热成像技术，可以全天候、大范围地采集预估判决火灾相关数据，能做到灵活的早期预警和亚像元火点的早期发现，从而避免森林火灾损失。

（2）确定技术方案

低轨卫星物联网星座为高山复杂盲覆盖区域提供现场数据采集、现场灾害防控、人工智能后台数据分析系统之间的通信链路。由运行支撑系统对卫星、卫星小基站、卫星终端、传感器、地面站、云计算中心之间的协同运行进行调度。形成火灾传感器、卫星终端、卫星小基站、天启星座、地面站、云计算平台的整条数据链路。本项目的实现主要分为三个阶段。

第一阶段　低轨卫星星座和终端的研制

整个天启星座系统从空间段、地面段和用户段三个层次进行划分。空间段由 38 颗天启卫星组成，构成天启卫星星座，实现全球覆盖；地面段包括网关站和中心站，分别实现与卫星间馈电链路的连接，终端接入鉴权、信道管理等运行控制，以及系统的运行管理维护；用户段主要由多种形式的天启终端和中速率应急通信终端组成，天启终端可根据不同的应用场景，分为微小终端、固定终端、移动终端、手持终端、抛撒终端等。

在为用户提供数据采集服务的过程中，首先由部署在各处的数据采集终端将各种类型数据采集传感器收集到的数据发送到数据采集终端，数据采集终端在完成与系统的同步后，在卫星经过终端覆盖区域上空时，将数据发送到天启卫星，天启卫星在经过地面站上空时，将接收到的采集数据发送到地面站，由地面站进行数据分类处理后，通过互联网、移动通信网向各领域用户提供数据分发服务。

第二阶段　卫星物联网终端与传感器接口

为了使传感器采集数据与卫星终端能的相互通信，需要定义相关的通信方式和数据接收格式。传感器是成套设备，与终端一体化集成。传感器数据采集内容包括：温度、湿度、烟感、植被、光亮度、大气压力、气象等。它支持地面无线数据传输。

第三阶段　卫星地面站与信息系统通信

这一阶段的任务是解决卫星系统与地面信息分析系统相互通信。地面分析系统一般是由建在云平台上的计算机集群组成。卫星采集的信号要经过地面站进行转发。云平台上把其计算的结果和需要控制的信息，经由地面站卫星向终端发送。这一阶段要定义整个系统的通信过程、信令和数据格式。

（3）应用

随着近年来物联网技术的兴起，许多基于卫星物联网的设备被应用于森林监测。由每天都在生成大数据集，得出森林覆盖和火灾的年度变化规律，建立防灾数学模型。在此基础上建立可燃物浓度的火灾决策支持系统的框架，在此框架下开发了物联网应用。从应用的角度出发，该模型可以预测可燃颗粒物以及燃料水分对火灾发生的关键时刻。随着应用火灾增长和蔓延预测模型的发展，实际火灾应用数据的测量和分析也相应演变完善，最终达到大覆盖广域、全天候的火灾监控、及早期精确预警的目标。

（三）项目创新点和实施效果

1. 项目先进性及创新点

（1）本项目的先进性

本项目的先进性体现在卫星载荷及终端通信模块设计技术的先进性。卫星平台采用了新型推进等技术，卫星平台高度集成化，达到卫星低成本、小型化、实用化的目标。卫星一体化终端的先进性体现在以下两方面。

第一，体积小、功耗低、重量轻。用户终端设计统一的收发终端核心模块，在不降低功能指标和性能指标的前提下，充分利用成熟的射频模块设计经验，基于分离器件，实现小型化、低功耗收发通道；基带 FPGA+MCU 采用低功耗设计，射频采用低功耗集成芯片，显著降低系统功耗；整机模块采用屏蔽腔设计，结构优化，降低整机重量；选择成熟的商业器件（工业级）增加集成度，降低功耗，显著降低单机成本。

第二，多种供电方式设计，提升终端续航能力。新型终端将采用蓄电池 +薄膜太阳能电池片的方案，只需要一块低容量的蓄电池用以应对突发的监听和传输，大部分时间有一块终端面积大小的薄膜太阳能电池片来充电即可。薄膜太阳能电池片有以下优势：电池片轻，可以贴在终端表面，基本不影响终端的外形设计；薄膜太阳能电池片价格便宜，在小面积添加的情况下基本不提高终端成本；在终端长时间在无法充电的情况下，配有薄膜太阳能电池片即可选用容量较小的蓄电池，降低电池成本，增加续航时间。

（2）本项目的创新点

项目创新点在于在通信方面，星上采用频谱感知自动选频结合扩频干扰抵消技术，显著提高系统抗干扰能力。其创新点为：频谱感知自动选频结合扩频干扰抵消技术和自适应星历的静默睡眠技术。在通信方面，星上采用频谱感知自动选频结合扩频干扰抵消技术，显著提高系统抗干扰能力。提出 DS-ALOHA

并行解调算法，支持海量用户接入。采用高灵敏度接收技术，实现百毫瓦级卫星物联网通信。提出并实现自适应星历的静默睡眠算法，结合定制化简洁交互协议，显著延长了终端待机时间。在技术上填补了国内低轨卫星物联网星座空白，达到国际先进水平。

2. 实施效果

（1）经济效益

本项目将无线传感器网络技术和低轨卫星物联网技术引入森林火灾监测中来，着力在监测预警阶段，构建了基于无线传感器网络的森林火灾监测系统。通过卫星信道，以短报文方式，将监测数据传到后台平台，从而实现对森林火灾的远程监控。具备大面积推广能力，市场前景良好。

（2）社会效益

目前，林业防火方面的火源发现和定位主要通过卫星定位实现，效果较好，定位较准，并且能够在火源很小的时候发现。但仍存在一定弊端，主要在于不能实现预防，必须要有明火时才能发现。本项目在森林防火敏感地带布设温度传感器，利用低轨小卫星提供专用的信息传输通道，从而实现区域快速建模，实时监测与分析，配合大数据智能分析技术建立预测模型，达到提前预警与快速响应。建立集通信、监测、预测、应急响应于一体的高度智能化的城市应急系统。当前，北京国电高科已有7星在轨运行，能保证一个传感器每天3～4次通过卫星传输数据，且已在湖北咸宁森林环境智慧林业监测项目中应用，火灾预警准确率从项目实施前的45%提高到95%以上。

II

工 业 篇

案例12：烟叶生产"三可"物联网平台

开启物联网＋现代烟草农业新篇章
——国家农业信息化工程技术研究中心

（一）项目概况

皖南烟区是全国户均种植面积最大的烟叶产区，户均种植规模稳定在75亩左右，劳动强度大、生产用工多。中国烟草总公司安徽省公司高度重视烟叶信息化建设，2016年明确提出"可视、可控、可研"烟叶信息化建设总体要求，启动皖南烟叶"三可"物联网平台建设项目，借助信息化技术构建以"现代烟农、现代服务、现代管理、现代科技、现代设施"为主要内容的现代烟草农业模式，推动烟叶生产和服务管理水平的提升，实现烟叶生产管理精细化、资源利用合理化、服务准确化、信息传递适时化、数据资源统一化、平台整合一体化，从而提高烟叶质量，提高管理效率，引领企业创新发展。

1. 项目背景

现代烟草农业的主要特征可以概括为"四化"，即规模化种植、集约化经营、专业化分工、信息化管理。烟叶信息化建设是现代烟草农业建设的重要组成部分，是实现烟草农业现代化的必要途径。近年来，安徽皖南烟叶有限责任公司（以下简称"皖南烟叶"）坚持创新驱动发展，持续打造现代烟草农业运作体系，在户均种植规模、全程专业化管服、烟农多元化增收等方面均居于行业前列。但烟叶生产仍面临靠天吃饭、劳动力短缺、烟叶质量不稳等问题，加之卷烟消费快速升级、国内烟叶原料库存高位，持续确保烟叶原料可靠供应、烟农稳定增收和烟区可持续发展的任务迫在眉睫，探索基于物联网的现代烟草种植模式，创新烟叶生产组织管理方式，成为皖南烟叶聚焦高质量发展，实现烟叶生产减工节本、提质增效，促进烟农持续稳定增收的必然选择。

2. 项目简介

在国家农业信息化工程技术研究中心、国家农业智能装备技术研究中心、中国烟草总公司安徽省公司、皖南烟叶有限公司的共同努力推动下，皖南烟叶"三可"物联网平台建设项目于2017年1月启动，总投资930万元。

皖南烟叶"三可"物联网平台以"1个基础平台+N个场景化应用"为总体构架，面向烟叶育苗、种植、烘烤、收购全程十二大关键技术环节，从物联网数据的统一接入、设备集中管理、数据全面采集、数据综合应用等方面为公司、烟站、服务部、服务队长和烟农提供全面信息化支撑，有力推动烟叶生产技术、管理方式、服务手段创新，探索了"互联网+智慧烟草"的落地模式，为服务皖南烟叶高质量发展发挥了重要作用。

3. 项目目标

皖南烟叶"三可"物联网平台建设结合皖南烟叶生产过程的实际情况和信息化过程存在的问题，以提高烟叶生产管理效率，提高地块烟叶的质量、资源利用率、劳动生产率，缓解公司烟叶生产服务管理压力和提高烟叶生产的经济效益为目标，综合运用农业物联网、移动互联、智能装备等先进信息技术和设备，建设适用于皖南地区烟叶生产服务特点的烟叶生产信息化支撑平台，显著提升了公司的烟叶生产管理信息化水平和经济效益。

（二）项目方案

1. 整体架构

皖南烟叶"三可"物联网平台建设采用分层架构设计实现，如图12-1所示，从下至上分别是基础设施层、服务层和系统应用层。

基础设施层主要建设苗棚环境监测传感器节点、生产现场视频监控点、大田气象站、田间图像采集点、无人机装备、智能烘烤仪，分级环境调控装备等物联网基础设施，共覆盖育苗大棚133栋、6个气象监测点、36路视频监测点、3000座烤房，12个分级现场，实现烟叶生产全程微环境、气象、视频等关键信息的全程采集。

物联网服务层主要建设平台物联网应用中心，制定烟叶生产物联网设备接入标准，实现不同供应商物联网基础设施的统一接入，集中管理与共享发布；建立烟叶生产主数据体系，完成108项烟叶生产技术指标数据采集项的农业语义、属性信息一致化表达，为不同场景下的应用系统数据互联互通奠定基础。

系统应用层为不同场景下的业务应用系统，包括既有的基地单元系统、烟叶基础软件、信息采集系统、质量追溯系统、基建项目系统，以及需要新建的烟叶生产动态管理系统和烟农合作社管理系统，各业务系统通过物联网应用中心数据共享交换服务实现互联互通，彻底消除数据孤岛，全面支撑烟叶生产数字化管控。

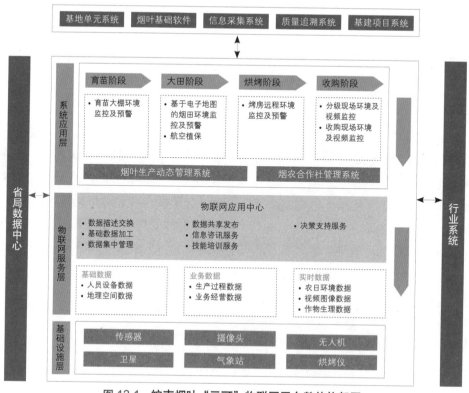

图 12-1 皖南烟叶"三可"物联网平台整体构架图

2. 涉及的物联网技术

（1）多源物联网设备集成

针对不同厂家、不同类型的物联网设备，建立物联网数据适配器，标准化接入的气象数据、设施环境采集设备数据、墒情数据、图片视频数据等，采用基于 SOKET、HTTP、REST、WebService 等模式的数据接入模式，用于解决多源异构数据接入问题。多源异构物联网设备集成如图 12-2 所示。

（2）农业物联网业务数据集成

通过数据抽取、数据映射、数据装载等方式实现业务系统与农业生产公共数据、业务数据、资产数据、质量数据的融合，支撑各业务系统对数据的统一调用与快速检索；在建设过程中，坚持多重数据源有机融合、数据库接口一致和规范化、标准化、灵活性、安全性和可扩充性原则，合理化数据结构。

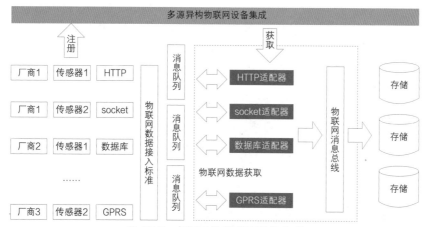

图 12-2　多源异构物联网设备集成

（3）多源异构物联网数据存储

设计和实现"三可"物联网平台多源异构的分布式数据存储架构，数据资源海量存储结构主要包括基于 Hadoop 的分布式文件系统、关系型数据库、分布式缓存存储和基于 Hbase 的分布式列存储，通过中心存储对物联网平台数据资源进行适用于不同类型的分类海量存储和高效利用。

（4）物联网数据分析计算模型

结合皖南烟区烟叶生产物联网的应用情况，形成农业物联网数据分析模型库，包括实时病害预警、特征参数识别、智慧烘烤为智能分级等分析模型，同时提供面向农业物联网管理以及烟叶供应链中育苗、种植、烘烤、收购等关键环节的各类第三方数据挖掘分析服务、模型的注册、发布通道，为上层信息化应用系统提供智能化的分析决策算法及服务。

3. 技术路线

本项目的技术路线从解决皖南烟叶生产实际问题出发，以中国烟草总公司"统一平台、统一标准、信息共享"的烟叶信息化建设总体原则为指导，主要包括需求调研、业务能力建设、集成应用示范 3 个阶段，如图 12-3 所示。

在需求调研方面，按照"立足现在、适度超前、留有余地"的原则，全面调研皖南烟区烟叶生产管理过程，摸清现有信息化体系现状以及管理体系下的痛点，同时结合国内外物联网技术的发展现状，设计能够为皖南烟区生产管理提质增效的物联网应用场景，形成项目需求分析报告，为后续建设工作提供技术指导。

图 12-3 皖南烟叶"三可"物联网平台技术路线图

在业务能力建设方面，基于需求分析报告的基础上，从物联网基础设施、物联网服务、业务应用 3 个层面开展具体建设工作。

基础设施层：如图 12-4 所示，根据烟叶生产各阶段现场的数据采集监测需求，建设适用于育苗阶段、种植阶段、烘烤阶段、收购阶段的物联网基础设施，主要包括育苗大棚、烟田、烤房和分级现场的无线传感器组及无线网关、网络视频摄像头、烟田气象站和 4G 摄像头、智能烘烤仪、分级自动增湿环境调控等设备，并能够通过物联网基础设施层将采集的数据持续稳定地汇入物联网业务服务层的物联网数据中心。

图 12-4 基础设施层

物联网服务层：以平台物联网应用中心为主体，建设内容包括数据存储、数据管理和平台组件 3 个部分。其中数据存储层通过物联网中间件、Web 中间件、数据库和空间数据管理对烟叶生产过程中产生的数据进行存储，重点包括：烟叶生产物联网感知数据集、烟叶生产视频图像数据、烟田遥感影像环境数据、烟叶生产时空数据、烟叶生产及管理信息数据、多媒体及文件数据，如图 12-5 所示。

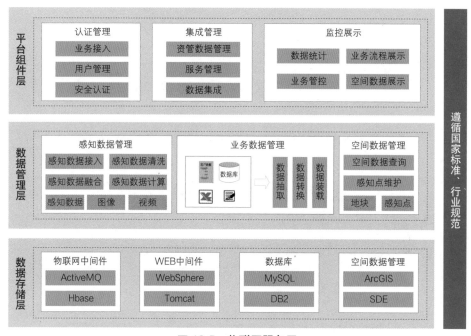

图 12-5 物联网服务层

业务应用层：主要包括基于电子地图的烟叶生产环境监控及精准管理系统和烟农合作社管理系统的开发，以及既有的基地单元系统、烟叶基础软件、信息采集系统、质量追溯系统、基建项目系统的集成，在建设上采用了基于 J2EE 标准的 WEB 企业级架构。在前端展示上，应用 HTML5 和 JS 的前端 MVC 架构进行建设，增加应用系统的使用流畅度和展示效果，如图 12-6 所示。

在应用示范方面：针对公司－烟站－服务部－服务队长 4 级管理体系，按照"分模块、分阶段、边试用、边完善"的原则开展应用示范，根据试验示范结果不断完善项目建设成果，逐步实现从被动的"让我用"状态转变为"我想用"状态，通过信息化建设的全面落地，全面提升皖南烟区的生产管理水平。

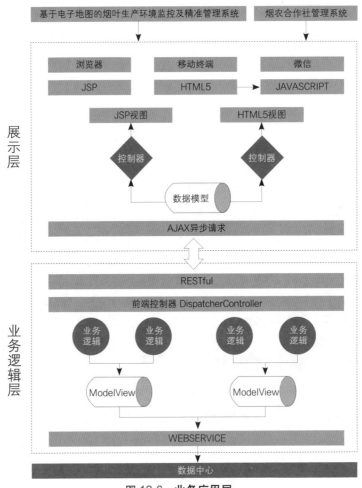

图 12-6 **业务应用层**

（三）项目创新点和实施效果

1. 项目先进性及创新点

在数据体系与标准建立方面：首次提出了烟叶生产主数据体系，通过抽象烟叶生产过程数据对象，创建具备面向对象表达能力的烟叶生产数据集，实现了数据项农业语义、属性信息的一致化表达，解决了大量生产过程数据难以标准化采集的问题；形成了烟叶生产物联网数据的接入、交换标准规范，为烟叶生产全程数据的高效采集、共享发布奠定了基础。

在烟叶生产管理颗粒度方面：提出了适用于皖南烟区稻麦轮作种植模式下的烟田成图方法，通过烟田电子地图的绘制，推动了皖南烟区由烟农尺度的粗放型管理提升至烟田尺度的精细化管理；解决了由于烟田地块逐年变化，以烟农为最小尺度的管理体系无法实现生产过程精准管控的问题。

在烟叶生产过程管理方面：将信息技术与传统烟叶生产深度融合，构建了公司－烟站－服务部－烟农四级烟叶生产动态管理体系，把烟叶生产全过程的十二大关键技术分解为100项技术节点固化到业务系统中，实现生产标准数字化、追踪检查移动化、指挥调度科学化，确保生产技术落实到位，全程保障烟叶质量。

2. 实施效果

（1）建立皖南烟区烟叶生产物联网数据中心

形成了烟叶生产物联网设备数据接入、交换标准规范，在此基础上构建了物联网应用中心管理平台，对烟叶育苗、种植、烘烤、分级全环节的各类物联网设备实现统一接入与集中管控；完成了烟叶生产动态管理等7套业务系统的数据融合，消除了数据孤岛，为实现烟叶生产全程数据的高效采集、集中管理与共享交互奠定了基础。

（2）实现烟叶生产"一张图"管理

建成了包含45.8万亩田块（其中21.2万亩烟田、24.6万亩稻田）、1216座大棚、801处烤房群及2147个物联网基础设施的皖南烟区电子地图，实现了生产管理单元由烟农细化到烟田，提高烟叶生产管理精细化程度。通过开展农田数据专题分析，可视化展示土壤类型、烟稻轮作、作业进度等综合数据。

（3）实现烟叶生产全程动态管控

将信息化管理技术与皖南烟叶动态生产管理模式深度融合，构建了烟叶生产动态管理系统，有力地支撑和保障了生产过程动态管理和分级收购质量管理。2019年烟叶生产技术落实到位率达98%，全区上等烟比例提高3.25%，育苗、烘烤人均管服设施数量提升了1倍。

（4）实现绿色防控管理

推广无人机统防统治，2019年无人机飞防作业面积占比60%。无人机相比人工喷药效率提高40倍，防治效果提高5%，节约农药使用量40%，节约用水量80%以上，有利于烟叶、水稻、农田等生态安全。

（5）实现烘烤服务管理

推进采烤大服务管理，烘烤师为烟农提供采、编、烤一体化服务和管理。一是降低烟农成本，实现户均成本降低了2500元；二是精准落实工艺，实时采集烘烤状态及预警信息，提高烘烤质量；三是提高舒适度，烟农对烘烤结果验收，提升舒适度，图 12-7 所示为"三可"烟叶物联网服务中心界面。

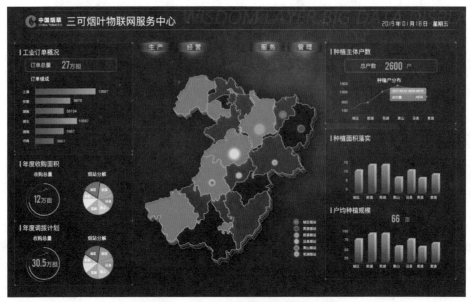

图 12-7　"三可"烟叶物联网服务中心

案例13：防爆设备全生命周期安全管理数字化解决方案

基于物联网的防爆安全一体化数字技术应用

——中海油天津化工研究设计院有限公司

（一）项目概况

不管是国家标准规定，还是大量实验总结，对于防爆电气设备各项功能指标都有着极其明确和严格的要求，并且实施中要求达到高效实时的效果。本项目通过传感器监测、协议转换、移动终端、边缘计算等方式，对石油化工行业生产现场的关键防爆电气设备进行实时在线采集，获取包括电压、电流、温度、压力、振动、静电导通系数等关键数据；通过5G、自建局域网、自建无线通信等最优化网络传输技术，实现实时上传和下达，并满足窄带宽、网络孤岛等特殊环境的要求；通过特征值提取、机理分析、规则诊断、案例库诊断、推理模型等数学、物理技术，配合云计算、大数据挖掘、可视化呈现等技术手段，实现防爆电气设备的防爆性能指标、机械性能指标和能耗效率指标方面的实时诊断与智能预警。应用"互联网+"模式，实现对海量数据的统计分析，形成各类专业报告与报表，并通过接口、协议等方式与生产管理系统进行对接、融合，更好地辅助生产决策，实现防爆电气设备隐患排查整改策略、维修保养策略、最优化备品备件策略的持续优化改进。

1. 项目背景

石油化工行业80%以上区域都属于爆炸危险性场所，一旦发生事故，极易造成巨大的人员财产损失，后果不堪设想，在这些场所中安装使用的电气设备均是防爆电气产品。对于这些防爆设备的管理，必须做到专业细致、实时精确。

目前物联网技术日趋成熟，在各行各业得到广泛应用，已成为信息化社会重要的组成部分。物联网通过感知技术、通信技术和数据整理分析技术，被广泛应用于生产、生活的各个领域，也因此被认为是当今社会最主要的四大信息技术之一，同时也被列入国家五大战略新兴产业之一。

在防爆安全领域，物联网技术的应用目前还鲜有涉足，究其原因主要是防

101

爆技术和防爆产业所形成的专业技术壁垒阻挡了传统物联网厂商的前进步伐，因此，作为国家防爆产品专业技术服务机构，有必要、有能力推进这一产业的物联网化进程。

2. 项目简介

防爆设备全生命周期安全管理数字化解决方案是指防爆设备从设计、生产、选型、采购、安装、使用、维护、检查、检修、报废，甚至回收再利用的全生命周期中的信息与过程。它既是一门技术，又是一种管理理念。

防爆设备的全生命周期过程包括规划设计、工程建造、运营维护和废弃处置。防爆设备全生命周期安全管理数字化解决方案涵盖这些过程，通过不断改善识别不利影响因素，将防爆设备运行的风险程度控制在合理、可接受的范围内，最终达到持续改进、减少和预防事故发生、经济合理地保障防爆设备安全运行的目的。

3. 项目目标

本项目目标是研制一套防爆设备全生命周期安全管理数字化解决方案，实现石油化工行业防爆电气专业设备的精细化管理、实时在线监测、诊断和智能化预警。

① 通过传感器监测、协议转换、移动终端、边缘计算等方式进行数据实时在线采集。

② 通过5G、自建局域网、自建无线通信等最优化网络传输技术，实现数据的实时上传和下达，并满足窄带宽、网络孤岛等特殊环境的要求。

③ 通过特征值提取、机理分析、规则诊断、案例库诊断、推理模型等技术，配合云计算、大数据挖掘、可视化呈现等技术手段，实现防爆电气设备的防爆性能指标、机械性能指标和能耗效率指标方面的实时诊断与智能预警。

（二）项目方案

防爆电气设备状态多样、数量庞大、布局分散、信息采集困难，而且在用防爆设备普遍服役周期较长，老化现象严重，防爆设备更新替换往往不够及时，维护方式较为传统，管理方式相对落后。这样的状态长期运行下去，任何一台设备出现问题都会带来极大的爆炸危险，所以必须要消除这一类安全隐患。在石油化工行业生产现场，要解决问题，仅依靠人工操作难以得到完全保障。为确保安全生产，杜绝因防爆电气失效而引起的着火爆炸事故，需实现基于物联网的防爆安全一体化数字技术，监测防爆设备的实时运行状态，及时反馈提醒和保护，建立数字化防爆监测预警模式，降低、消除着火爆炸风险，为企业安全生产保驾护航。

1. 整体架构

防爆设备全生命周期安全管理数字化解决方案整体架构如图 13-1 所示，防爆设备的全生命周期过程包括规划设计、工程建造、运行维护和废弃处置。

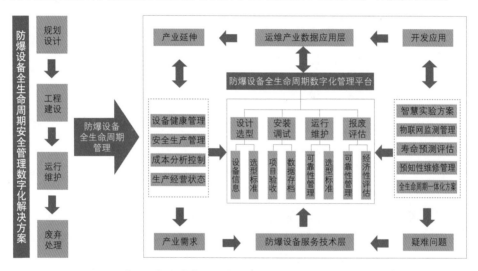

图 13-1　防爆设备全生命周期安全管理数字化解决方案整体架构图

在规划设计阶段，主要解决防爆设备设计选型的问题，包括爆炸危险区域划分、防爆设备选型标准、防爆设备性能指标等信息，在此阶段需要通过数字化系统对 GB3836、AQ3009 等系列标准进行详细展示和解读，以此保证在设计阶段规避不合理与风险隐患。

在工程建造阶段，主要涉及防爆设备安装调试，包括隔爆、复合型等常见防爆设备的安装、布线、接触点处理等关键技术点的检查与验收，以及对MSDS、防爆合格证等关键技术文档的搜集、查伪、归档，此阶段需要通过手持终端，进行大量拍照取证、信息分类归档、重复项的智能识别等。

在运行维护阶段，主要涉及防爆设备的可靠性管理和故障识别、维护维修，需要通过定期检测、实时在线监测等技术手段对防爆设备的防爆性能指标、机械性能指标和能耗效率指标进行监测诊断和智能预警，同时与设备健康管理、安全生产管理、成本分析控制、生产经营状态等相关的信息系统进行数据交互，提供专业化分析诊断报表和维修维护建议，保障生产的健康持续和安全可控。此阶段是物联网技术实施的重要阶段，相关的数据采集、信息传输处理、智能分析诊断都在这一阶段实施应用，同时，与分析评估相关的预知性维修、寿命预测、维修策略等模型性技术也在这一阶段实施应用。

在废弃处置阶段，主要实现防爆设备的可靠性、可用性评估，通过大数据分析、实验模型评估对防爆设备综合性能指标进行评估，提出基于数据处理的可用性评估建议，从可靠性与经济性方面对防爆设备的废弃处置提出决策性建议。

除了上述各个阶段，在防爆设备整个服役期间，还应充分考虑实验室检测、标定校验、磨损腐蚀分析等分析检测事宜，通过全方位数字化技术，保障防爆设备全寿命周期的安全可靠，避免发生不可控故障或事故。

2. 涉及的物联网技术

本解决方案通过在防爆设备上加装各种信息感知装置（如传感器）来获取诸如温度、电流、振动等各种维度的实时数据，并以此形成一套采集、传输、存储、分析和决策的数据平台，为生产者提供支持。

（1）数据感知层

本方案所应用的数据感知装置主要包括以互感技术为主的电压、电流传感器，以 PT 电阻桥为核心的温度、静电采集传感器，以压电晶体为核心的动态压力、振动加速度传感器。另外，对于一些机组自带的传感器，通过上位机或二次仪表，以 Modbus 和 OPC 协议为基础，进行协议转换，直接获取数据。

（2）数据传输层

对于大多数应用场合，可以选择无线网关或有线信号传输的方式，将采集到的数据实时传送至中控室，实现在线监测和实时报警。有一些特殊场合，数据传输方案必须进行定制化设计，如海洋石油钻采平台，由于全部由钢结构甲板组成，不优先选用无线链路进行数据采集，大多以本安信号线缆实现信号传输。而陆地石油石化炼化厂，由于区域宽阔，从经济性层面考虑，优先选择自建无线网络链路的方式进行数据传输，涉及到无线网管、无线组网、蜂窝链路等具体传输技术。

以上所述主要是近端数据传输链路，即传感器至数据采集单元之间，而数据采集单元至上级管理单元、远程数据中心或云服务平台之间的传输链路，大多依靠电信运营商提供的传输服务实现，包括普通宽度网、VPN 专线、4G、5G 信号等。对于海洋石油平台、偏远山区或沙漠地带，由于电信运营商服务难以覆盖，则需要采用自建数据传输链路，如海洋石油平台采用微波通信、海底光缆等方式实现传输，偏远山区和沙漠地带采用自建基站、无人机中继等方式实现数据传输。

（3）边缘计算层

本方案所采用的边缘计算主要包括两个方面：一是在生产现场中控室安装数据采集单元，依靠部署其中的功能化软件实现数据采集、处理、筛选和报警诊断；二是在振动、温度传感器中设计合适的集成功能电路，依靠传感器自身实现数据的筛选、预判等选择性传输。

3. 技术路线

项目实施包括 6 个过程，总体实施技术路线如图 13-2 所示。

01 依照国家法规标准及企业管理要求，建立防爆设备完整性管理体系

02 建立信息化在用防爆设备技术档案数据库及动态管理数据库

03 对在用防爆设备按照国际标准要求实施连续监测

04 对在用防爆设备按照国家标准要求实施定期检查

05 对在用防爆设备按照国家标准要求实施维护维修

06 依据设备运行数据，环境数据及标准要求，对现场在用防爆设备进行风险评估

图 13-2　防爆设备全生命周期安全管理数字化解决方案实施技术路线

（1）体系建立

依照国家法律法规、标准规范（GB3836.15、GB3836.16、AQ3009）及企业管理要求，建立防爆设备完整性管理体系，包括防爆相关人员资格管理、防爆设备档案日常管理、防爆设备技术资料收集整理等。

（2）数据采集

数据采集就是为现场防爆设备安装电子标签（RFID 标识牌），如图 13-3 所示，收集设备铭牌信息、技术资料，建立防爆设备档案数据库，通过手持终端等设备实现设备一物一码式管理。

（3）连续监测

连续监测就是通过传感器采集、协议转换或手持终端记录等方式，实现关键参数指标的连续监测。连续监测数据曲线示例如图 13-4 所示。

（4）定期检查

定期检查就是通过防爆设备智能巡检系统，使用手持终端（防爆手机或防爆平板电脑），配合 RFID 识别扫码技术，解决现场防爆电气设备日常维护保养、隐患排查等工作，合规、合理完成防爆电气设备运行维护期间的数据采集、安全性评估。定期检查工作示意图如图 13-5 所示。

图 13-3　现场安装电子标签

图 13-4　连续监测数据曲线示例

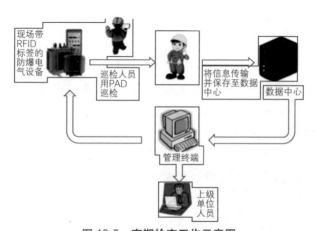

图 13-5　定期检查工作示意图

（5）维护维修

维护维修就是根据检查建议，以工单方式形成维护维修事件，及时提醒防爆设备管理人员进行维护保养或维修。

（6）风险评估

风险评估就是依据设备运行、环境数据及标准要求，对现场在用防爆设备进行风险评估。

（三）项目创新点和实施效果

1.项目先进性及创新点

（1）基于物联网技术的防爆安全一体化解决方案

本项目将物联网技术应用于防爆安全领域，为国内同行业先例，不仅提升石油化工这些应用场合下的设备管理水平，保障防爆设备安全可靠运行，同时也为物联网技术在特殊工业环境下的推广应用提供了参照和榜样，为国家工业物联网实施发展贡献了力量。

（2）分层分布式架构应用于防爆安全生产现场

考虑到石油化工行业现场特定的工作环境和网络架构，本项目采用并设计分层分布式网络架构，满足多级管理组织架构、生产现场分布广阔、网络带宽相对低效等条件，确保整体系统架构清晰、访问速度高效、信息安全可靠。

2.实施效果

本项目从安全巡检管控过程的需求分析、关键技术研究、应用系统开发和应用验证四个层面开展工作，采用虚拟化、物联网等技术从移动终端、数据中心、数据汇聚中心三个方面研发防爆设备全生命周期安全管理数字化平台，已建立防爆设备全生命周期安全管理体系，形成了一套防爆设备全生命周期智能管理系统。

通过实施防爆设备全生命周期安全管理数字化解决方案，对生产现场在用防爆电气安全检查、评估、整改，防爆电气检测和监控技术研究，建立防爆电气智能管理系统等方式，形成爆炸性危险环境防爆安全一体化技术，同时开展防爆电气人员培训，提高作业人员和管理人员的专业知识和技能，建立现场防爆电气全生命周期管理体系，完善防爆电气管理制度，构建完整的数字化防爆产品数据模型和安全有效的防爆电气管理系统，对防爆电气的选型、安装、使用、维护、巡检等不同过程进行综合管控，最终达到持续改进、减少和预防事故发生，经济合理地保障现场防爆安全的目的。

案例14：以视频为核心的人工智能物联网智慧企业园区

物信融合助力制造企业数字化转型
——杭州海康威视数字技术股份有限公司

（一）项目概况

2018—2019年，基于大量客户的数字化转型实践，海康威视提出了行业数字化解决方案体系，打造了园区物联网平台——海康威视桐庐工厂AIoT。连接现有信息化系统，并融合视觉、热成像、毫米波雷达等智能感知技术，赋予设备、设施视觉能力。依托AI开放平台，赋予场景泛在感知能力。搭建完整场景物联应用系统，实现"拉近管理距离、提升业务效率、规范作业行为、防范安全隐患"业务价值的智慧企业园区。

1. 项目背景

在传统管理模式下，企业园区的运维工作繁重，很多工作均是线下完成、纸质记录的。安保工作在很大程度上也是靠纪律的约束和自觉。消防的数据只到消控室为止，能耗的数据也只能在能耗专用计算机上查看。生产线上员工的标准化动作规范也是靠自觉和巡线来保障。

针对以上问题，海康威视打造了一套物联网平台系统，打通了企业各子系统，以统一平台进行管理，实现不同种类数据融合应用。项目位于桐庐经济开发区，一期用地370亩，总建筑面积26.3万平方米：其中厂房19.7万平方米、综合楼、食堂6千平方米，宿舍等生活用房59342平方米。二期总建筑面积42.7万平方米，其中地下面积约4.3万平方米。项目一期、二期全面投产后，将实现产值超60亿元，职工人数可达万人以上，将以"千亿海康"制造业基地为目标，成为全球最具规模、高度自动化的安防产品高端制造中心及安防电子和软件智能产业基地。并将本基地打造成为一个安全、高效、绿色、智能的智慧园区，融合物联，打通各子系统，以统一平台进行管理，不同种类数据融合应用。

2. 项目简介

本项目以园区物联网平台为核心，融合了物流管理、人员管理、现场管理、效率管理、大安全管理等系统，并集成了智慧数字消防系统，还将 BA（Building Automation，楼宇自动控制）和能耗系统进行物联，实现采集数据、统一融合分析功能。围绕物联网平台，实现应用集成、统一感知、统一管理、资源共享、智能联动、数据分析六大块核心功能，可有效解决园区各系统间的信息孤岛等问题。

3. 项目目标

① 建设一个园区物联网平台，统一管理海康威视桐庐工厂的 SAS（Security protection & Alarm System，安保自动化系统）、BAS（Building Automation System，楼宇自动控制系统）、FAS（automatic Fire Alarm System，消防自动化系统）、物流管理系统，做好数据收集、展示和应用处理等工作。

② 开发与之配套的企业园区统一数据化管理界面，可提供 AR、3D、数据画布等管理者视角，让管理者能从物理世界中感知企业数字信息，并提供移动端 APP 的管理方式。

（二）项目方案

本项目方案充分利用了物联网技术，将技术有机融入各传统系统中，可有效地解决传统工厂存在的普遍问题。

1. 整体架构

项目整体架构如图 14-1 所示。首先，本项目打造物联网平台，致力于营造物联生态系统，以统一及标准化的协议接入公司设备以及第三方设备。开发者可以在物联网平台上打造自己的物联应用平台。其次，在物联的基础上，实现用户的需求应用，集成和承接原有综合安防的应用功能。完成能效管理、设备运维工作，包括对 BA、SA、FA、物流管理系统、背景音乐、消防、防火门报警、电气、给排水、暖通、空压机等设备或系统的信息收集和处理，还可以进行部分控制工作。

2. 涉及到的物联网技术

本项目方案充分应用了物联网应用中的多项关键技术，包括传感器技术、RFID 标签技术、LoRa 和 NB-IoT 技术等。

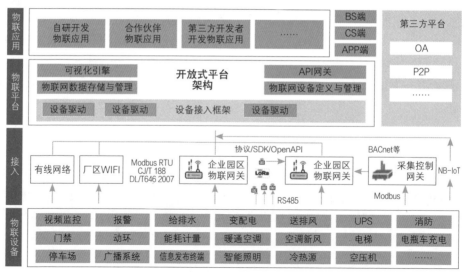

图 14-1　项目整体架构图

（1）传感器技术

使用了可见光、热成像、毫米波雷达、水压传感器、液位传感器、温湿度传感器等多种传感器，并部分应用了人工智能的算法加持，实现了传感信息的侦测接入，实时感知园区的状态。

（2）RFID 标签技术

使用了 RFID 技术作为感知位置的能力，定位物资，达到管理关键设备、关键物料的作用。并且用于定位地点，达到管理保安巡更的作用。

（3）LoRa 和 NB-IoT 技术

使用 LoRa 和 NB-IoT 网络进行部分电表等表计、智能消防传感器等的数据接入。将前端传感器的数据通过无线网络传输，满足不易施工布线场景下物联设备数据接入的需求。

3. 技术路线

本项目采用开放的接口连接现有信息化系统，利用物联网技术连接各种能耗、BAS 和其他环境量数据，利用人工智能技术 + 视频技术来自动判断异常的行为、动作、环境等，利用热成像技术检测设备和环境的异常变化实现入侵报警，利用毫米波雷达技术检测车辆超速等应用。在一套平台下管理多个子系统，实现园区场景物联，各子系统技术方案如下。

（1）BA（楼宇设备自控系统）管理应用实现

BA 系统技术方案如图 14-2 所示，通过 IoT 平台，使 BA 系统具备智能能耗管理、智能冷热源系统管理、智能空调机和新风系统管理、智能送排风系统管理、智能给排水系统管理、智能变配电监测系统管理、智能电梯系统管理、智能照明系统管理、空压机管理、制氮机管理、智能环境温湿度管理、智能UPS 供电系统管理、VRF 空调管理、智能广播及背景音乐系统管理。

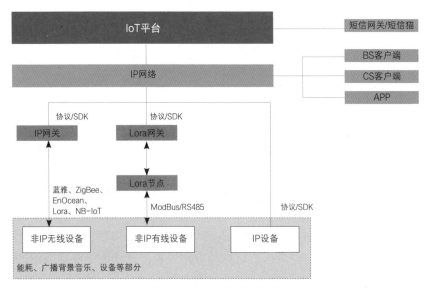

图 14-2　BA 系统技术方案

上述智能系统的功能如下。

① 数据监测能力：各系统 / 设备提供接口，接入 IoT 平台，提供数据查询功能，同时可以生成相关数据报表并支持导出。

② 数据处理能力：IoT 平台物联应用，当设定数据使用量超过设置值时，系统发出报警提示信号；可以统计分项数据，形成柱状图、饼状图、折线图，支持 PDF、Word、Excel 导出；可进行环比、同比分析。

③ 控制能力：各系统 / 设备提供接口，接入 IoT 平台。IoT 平台可通过接口进行系统 / 设备的控制。

④ 报警提示：设置报警线，实现危险状态时的报警功能。

⑤ 动态展示能力：将各类数据融合，在屏幕上展示。

（2）SA（安保自动化系统）管理应用实现

SA 系统技术方案如图 14-3 所示。通过 IoT 平台，建设智能信息发布系统、智能视频监控系统、智能门禁系统、智能入侵报警系统、智能电子巡更系统、智能访客管理系统、智能考勤系统、智能停车场系统引导和反向查询系统、智能出入口系统、智能电瓶车充电管理系统。

图 14-3　SA 系统技术方案

（3）其他管理应用实现

通过 IoT 平台，建设如下一些应用。如在三维地图的模式下，将所有的设备在地图中呈现，全国、园区、区块楼层分级展开。在三维地图上设置点位，可以直接操作设备，例如地图上的视频点位，可以点开看视频、录像。另外，在宿舍管理中，各宿舍的冷水表、热水表、电表，可以实时采集数据，按小时的颗粒度进行存储。可进行三表用量的查询，输入起止时间、楼栋、楼层、房间，查询期间的用量，查询后可以将结构导出报表。还接入了消防系统的数据，形成消防数据的实时采集与展示，并与安防系统形成联动。

（三）项目创新点和实施效果

1.项目先进性及创新点

海康威视桐庐工厂 AIoT（见图 14-4）以 IoT 平台为中心，实现应用集成、统一感知、统一管理、资源共享、智能联动、数据分析六大块核心功能，可有效解决园区各系统间信息孤岛等问题。本项目具有以下优势和特点。

① 应用集成具有低门槛实现能力开放、便捷式数据共享与交换的特点。

② 统一感知具有统一用户接入体验、多业务访问单点登陆、用户资料完整一致的特点。

③ 统一管理具有集中监控、高效运营、实时全面掌握运营管理、统一日志审计、把控全局安全的特点。

④ 资源共享具有可复用的 ICT 能力资源，沉淀可复用的业务数据的特点。

⑤ 智能联动具有统一采集管理系统告警，灵活配置跨系统联动规则，跨系统及时联动、实时响应的特点。

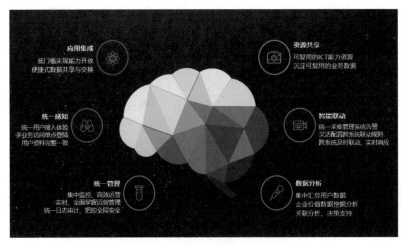

图 14-4　海康威视桐庐工厂 AIoT

⑥ 数据分析具有集中汇总用户数据、企业价值数据挖掘分析、关联分析、决策支持的特点。

2. 实施效果

通过该项目的实施，有效地解决了园区各系统间信息孤岛、缺少有效可视化展示、各应用集成难、物流管理方式落后等目前企业存在的普遍问题。为园区管理者提供了统一的数据化管理界面，支持 AR、3D、BIM 等视角，让管理者能从物理世界中感知企业数字信息，并可在移动端 APP 中进行管理。系统效果如图 14-5 所示。

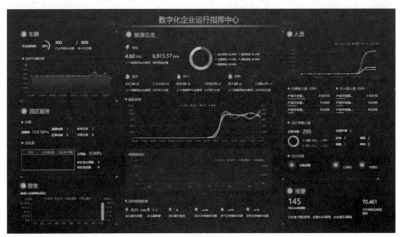

（a）统一数据化管理界面

图 14-5　系统效果图

（b）能耗数据管理界面

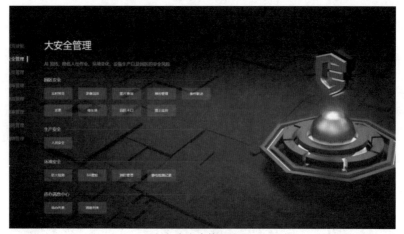

（c）大安全管理界面

图 14-5　系统效果图（续）

案例 15：油气生产物联网智能研究及验证平台

国内首次物理仿真原油生产工艺及数字化井场
——中国石油天然气股份有限公司勘探开发研究院西北分院

（一）项目概况

油气生产物联网智能研究及验证平台以中国石油 30 余万口油井生产工艺为原型，在实验室环境中实现物理仿真油气生产工艺流程，支持仿真多种复杂油井供液条件及地面生产工艺的仿真，全面支撑物联网技术在油气生产中举升、计量、集输等环节的智能应用研究，实现了物联网技术与油气生产上游业务的深度融合。

1. 项目背景

中国石油物联网相关项目的实施，取得了一系列应用效果，但面对油气田进入开发中后期的开发复杂化、油气非常规化、业务量庞大、人工及原材料成本上涨、国际油价走低等众多挑战，亟需利用物联网等技术解决油气生产的瓶颈和难点，快速地进行技术应用推广，相关技术支持是必不可少的：

① 突破物联网基础技术方法研究、应用和推广等重点难点问题；

② 采用云计算、移动应用等技术，构建可扩展的物联网研发应用平台；

③ 油气行业物联网技术应用、推广的标准制定；

④ 引进物联设备的功能、性能、环境可靠性等的检测和验证。

2. 项目简介

油气生产物联网智能研究及验证平台采用虚实场景结合、物理仿真与软件仿真结合、油气生产全流程仿真的设计思路，首次实现油气生产工艺流程的仿真并搭建完整的物联网系统，可以仿真复杂可变的油气生产工况，支撑油气生产中基于物联网技术采集数据的深化分析研究及验证工作，解决油气生产中的重点和难点问题，实现低成本开发，推动了传统能源企业优化升级。

3. 项目目标

油气生产物联网智能研究及验证平台结合中国石油主营业务，开展油气物

115

联网前沿技术与基础方法等研究与实验，并将研究及实验成果推广应用于实际生产，以达到"提高生产效率、降低运行风险、节约生产成本、优化生产流程和提升管理水平"的目的。

（二）项目方案

1. 整体架构

油气生产物联网智能研究及验证平台包含物理模拟仿真与验证系统、软件模拟仿真与验证系统，整体架构图如图 15-1 所示。

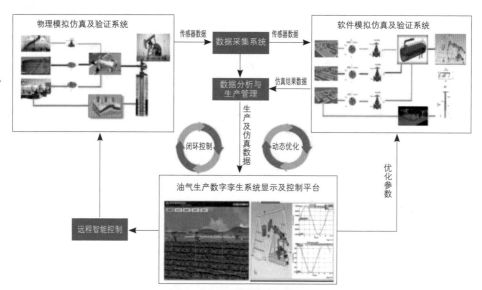

图 15-1　油气生产物联网智能研究及验证平台整体架构图

该平台主要包含：

① 研发油气生产供液、举升、集输、计量等关键环节物理仿真模型；

② 研发油气生产数字孪生系统，仿真油气生产全流程；

③ 部署物联网采集、传输、分析、控制系统，支撑油气生产物联网的深入应用。

2. 涉及到的物联网技术

油气生产物联网智能研究及验证平台，按照小型数字化井场的理念进行搭建，依据采集层、传输层和应用层的传统三层的物联网技术架构。

（1）采集层

采集层应用的温度传感器、压力传感器、示功仪、角位移传感器等与实际油田现场保持一致。此外，在管路设计方面，留有大量的冗余接口，方便进行流量计量、智能传感、关联控制等研究。

（2）传输层

以"有线＋无线"的方式实现了所有仪器仪表采集数据及控制数据的传输，数据通信协议严格按照企业标准"油气生产物联网系统建设规范（Q/SY 1722—2014）"的要求实施，确保与油气生产物联网系统（A11）建设成果对接，与油田数字化建设成果对接。

（3）应用层

作为油气生产物联网智能研究及验证平台的特色功能，开展物联网、人工智能、云计算、大数据等技术在油气生产上游业务的举升、计量、集输等环节的交叉研究。主要开展的研究如下。

① 通过物理仿真实现物联网技术在举升、计量、抽油机控制等方面的研究。物理仿真主要以 1700 米油井生产条件为基础，模拟油井生产的不同供液条件变化（不同温度、含水率、产液量、液体粘度等）、游梁式抽油机不同举升方式（工频、变频、间抽、柔性运行）、单井产液量多种方式计量等，其中举升设备、井筒设备均采用生产型号。

② 通过软件仿真模拟全流程数据模型，与物理仿真构成数字孪生系统，以支撑物联网应用成果验证。研发了油气生产全流程仿真模型，尤其对重点环节开展三维仿真和精细仿真。重点仿真环节包括举升工艺、集输工艺、计量工艺。软件仿真模型以物理仿真模型的运行数据为基础，通过用物理仿真模型产生的大量数据对软件仿真模型进行反复训练和校正，从而达到软件仿真模型和物理仿真模型运行规律的一致性，然后再用校正后的模型进行生产现场推广实验，指导油气生产。

3. 技术路线

采用物理模拟仿真系统再现采油工艺关键流程，并部署一套油气生产物联网系统，从而实现复杂多变油气生产工况模拟，物联网数据的采集、传输、分析，生产过程的控制功能；并结合软件模拟仿真及验证系统，其软件仿真系统具备油气生产全流程软件模拟仿真功能，与物理模拟仿真系统共同构成互为验证的数字孪生系统，可用于危险及异常复杂工况研究，是物理模拟仿真与验证系统的有效补充与拓展。

（1）物理模拟仿真与验证系统

油气生产物联网智能研究及验证平台中，物理模拟仿真与验证系统部分以下简称物理仿真系统，如图 15-2 所示。

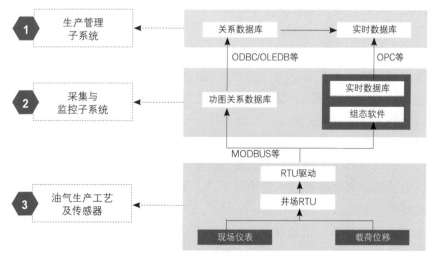

图 15-2　物理仿真系统

通过在实验室仿真国内各大盆地油气生产工艺流程和物联网系统，能够突破传统再生产现场研究的安全性、不可变性、不具代表性等局限，很好地支撑了物联网深化应用研究和智能油气田关键技术的研发，以及在各种复杂工况下的验证工作。物理仿真系统主要包含如下功能。

① 举升系统模拟和集输系统模拟可实现如下功能：

➤ 模拟工频运行、变频运行、柔性运行、智能间抽等多种抽油机运行模式。

➤ 柔性运行模式可以根据载荷变化和单井实时采液量调整运行速度，实现闭环变速运行，从而达到精细化管理，提高生产运行经济性和高效性的目的。

➤ 智能间抽模式可以让抽油机在采油的间隔期间以极小幅度摆动，从而保持抽油杆的润滑性，防止载荷过大导致拉断。

➤ 可以实现尾梁、横梁等不同平衡调节方式，并且进行对比分析研究。

➤ 支持自动生成泵工图、示功图、电工图等，支撑软件量油、冲程损失模拟研究。

➤ 支持模拟管线集输、冻堵、液堵；模拟油压、套压、回压、环压、沉没度生产条件；模拟旁路流量计等测试环境。

② 供液系统模拟和计量间模拟可实现如下功能：

➤ 模拟不同粘度、不同含水、不同含气、不同流速、不同油温生产条件。

➤ 模拟质量法计量、体积法计量；及连续单井准确计量。

➤ 实现游梁式抽油机井单井低成本、连续地准确计量，为分析单井的生产状态提供重要数据支撑。

③ 基于 PaaS 平台的物联网运行管理系统：数据采集、无线传输、有线传输；采集泵工图、示功图、电工图、油压、套压、电参、位移、载荷等；连续单井准确计量；组态软件部署；Pass 平台搭建。

④ 物理仿真系统能够支撑的物联网深化应用研究：智能井筒建模研究、工况诊断研究、故障预警研究、供采平衡研究、系统效率研究、单井量油技术研究、管网运行效率研究、管网流动保障研究、生产运行动态优化研究、生产过程关联控制研究、大数据研究、人工智能研究、传感器与通信技术研究、油气生产数字孪生研究、仪器仪表在线检测技术研究、低成本物联网技术研究。

物理仿真系统是具有国内领先的低成本在线连续单井计量和实时闭环供采平衡分析及控制的物联网深化应用研究平台，将为采油技术重难点问题的突破发挥重要作用，为智能油田建设提供技术支撑。

（2）软件模拟仿真与验证系统

软件模拟仿真与验证系统基于物理仿真系统积累的大量实验数据，不断校准软件仿真模型，达到物理仿真系统和软件仿真模型运行状态的一致性。通过软件仿真模型，可以更容易开展跨地域日常相关物联网深化应用研究，同时可以开展物理仿真平台无法开展的一些异常工况的研究。

软件仿真与验证系统的特色技术包括：全流程模拟仿真、实时关联分析、模块化仿真设计、数据和模型驱动、多物理场联合仿真、显著应用实效、支持油气生产数字孪生研究、支持节能降耗研究、支持工况诊断研究、支持故障预警研究、支持软件量油研究、支持关联控制研究、支持动态优化研究、支持智能分析研究。

（三）项目创新点和实施效果

1. 项目先进性及创新点

油气生产物联网智能研究及验证平台通过在实验室搭建小型数字化井场，实现了物联网技术与油气生产上游业务的深度融合，支撑物联网技术在油气生产的举升、计量、集输等环节的智能应用研究。通过平台建设主要实现以下技术创新：研发具有国际先进水平的油气生产模拟仿真及验证系统、研发具有国际先进水平的油气生产数字孪生技术、国内领先的低成本在线连续单井计量技术、国内领先的游梁式抽油机动态闭环控制技术。

（1）油气生产模拟仿真及验证系统

首次在实验室再现油气生产真实环境，将油气生产的供液环节、举升工艺、计量工艺、集输工艺等比例进行缩放，并形成闭环运行。其中供液环节可以仿真不同的井筒供液条件：不同粘度、不同含水率、不同温度、不同供液能力等；举升工艺可以仿真游梁机不同运行模式工频运行、变频运行、智能间抽、柔性运行、不同回压等。

在物理仿真模型之上搭建一个物联网生产运行管理系统，包括各种传感器、RTU、传输网络、管理系统、PaaS开发平台。通过物联网系统的部署，从而搭建一个数字化井场的仿真研究环境。

（2）数字孪生技术

首次开展油气生产过程的仿真研究，从系统仿真、机械仿真、流体仿真等多物理场耦合的方式开展油气生产工艺流程的深入仿真研究，从而支撑工艺优化、生产参数优化、物联网深化应用研究等功能。

（3）低成本在线连续单井计量技术

针对油井生产计量难的问题，开展油井单井产液量计量方法研究。研发一套基于物联网压力动态数据的实时在线计量方法，相对于基于示功图等物联网数据的计量方法更精确、更精细。通过基于物联网压力动态数据的实时在线计量方法能够精确计量每泵产液量，真实揭示油井上液状态，规避传统通过采样软件计量的多种缺陷。

（4）抽油机动态闭环控制技术

基于实时动态负载变化数据的抽油机生产参数闭环控制技术，该技术可以根据实时的游梁式抽油机负载变化，通过变频器动态调节电机转速，从而精确控制抽油机运行状态，实现动态闭环控制，达到节能降耗，提高运行效率的功能。

2. 实施效果

（1）单井计量方法研究

利用物联网系统采集的压力等数据开展产量预测研究，现阶段可以实现低成本在线实时产液量计量，准确掌握单井产液量变化趋势。

（2）单井生产运行优化

根据物联网采集的实时动态数据，以及多种方法计算和测量的实时、动态产量等运行数据，通过闭环智能控制算法，动态调整抽油机冲次、电机运行速度等生产运行参数，不断优化抽汲工作制度，使抽油机井的生产状态达到供排协调。单井生产运行优化对比图如图15-3所示。

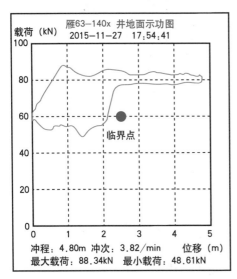
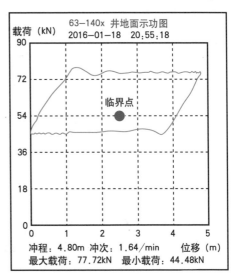

图 15-3　单井生产运行优化对比图

抽油机采用超柔性驱动可以在抽油机井闭环控制技术的基础上，利用工控机内置的超柔性控制算法，使抽油机井在单个冲次运转周期内再实现改变转速适时降低有功功率柔性运行，改善抽油机的平衡，消除电机负工影响，降低功率峰值，最终实现降低能耗、延长光杆与检泵周期的目的。

通过物联网实时采集矢量变频器输出的扭矩信息，并获取上下死点位置，从而形成扭矩图。通过扭矩图我们可以判断抽油机的平衡状态，并根据扭矩图指导抽油机的自动平衡调节，平衡调节可以通过变频器自动调节完成。

通过超柔性控制实现抽油机超低冲次运行（最低冲次小于 1 次 / 分钟）。针对低产油井，采用超柔性控制方式代替间抽方案，可以在延长检泵周期、提高泵效的同时，增加抽油机有效工作时间，达到增产稳产的目的。同时，降低柱塞上冲程的加速度，使泵固定阀打开吸入液体时减少吸入口的真空度，减缓液体中气体的析出，提高泵的充满度，有效避免了气锁现象。

通过单井生产运行优化，能够提升泵效和系统效率，同时实现节能降耗，助力油田低成本、高质量发展。

案例16：基于卫星物联网的国家电网智能监测项目

天启卫星物联网平台助力泛在电力物联网建设

——北京国电高科科技有限公司

（一）项目概况

基于卫星物联网的国家电网智能监测项目主要用于解决无基础运营商信号覆盖地区的电网监测数据传输问题，通过天启卫星物联网平台的建设，将卫星空间技术、GPS、地面专用传感、物联网、结构化视频监控、电子地图和无线传输技术结合为一体，借助采集传输设备打造智能巡检系统，助力和保障电网正常运行。

1. 项目背景

随着电网规模的逐渐扩大，动植物入侵、人为外力破坏以及极端自然灾害等不可预见因素，给输电线路的安全运行带来了前所未有的挑战。部分电网线路分布在偏远山区，沿线穿越高山峻岭、大江大河等复杂特殊的地理环境，部分还会遭受洪水、山体滑坡、冰雪等极端自然灾害。目前，主要采用有人驾驶直升飞机的方式进行巡检，有人直升机巡检方式起降灵活，可在空中进行自由的悬停，并且抗风、沙、冻等外部环境干扰能力强，但该方式约束条件多、运营成本高、对线路环境、运行人员和场地要求严格、且有很大的安全风险，实用化和普及推广难度较大。目前还不能完全满足不同电压等级、复杂地形条件和各种特殊灾害条件下的巡检需求。

2. 项目简介

本项目主要用来解决偏远地区电力线路的监测数据传输，通过天启卫星物联网平台实现输电线路监测数据的回传，能有效监测电力线路运行状态，出现问题时可以及时定位解决。天启卫星物联网电网监控平台是根据电网行业的规范和要求，顺应智能电网信息化建设的总体思路，充分利用数据卫星采集技术、计算机技术、网络技术和数据库技术等实现电网数据的采集、处理和发布为一体的综合信息管理系统；是利用卫星物联网科技补齐物联网感知能力短板、提高电网系统整体信息化能力的重要手段；是电力部门实现电力监测管理现代化、决策科学化的一个重要过程。其核心是数据的采集处理和信息发布，通过将电力数据采集并处理后发布给相关各个电力部门，为各个部门在实施电力监测和管理上提供有力的决策依据和参考。

3. 项目目标

① 减少高压线塔的人力巡视工作量，减少并杜绝巡视盲区，提高工作效率。

② 动态感知电网系统的运行状态，在线监测电网关键节点即高压线塔的塔身状态、塔基变量。

③ 预警风险，针对线塔倾斜、塔基沉降异常等风险实现实时监测，提前预警，保障电网系统的安全运行。

④ 建立电网系统的安全大数据，科学决策，助力电网系统安全度过用电高峰期。

⑤ 打造信息闭环，助力电网系统整体的信息化提升。

（二）项目方案

天启卫星物联网国家电网监控平台依托天启卫星接收覆盖全球的 DCS 数据，为用户提供其线塔的气象数据、塔基倾斜数据、周围环境数，以及位置定位、历史数据、信息调度、报警、预警分析功能、图像监控等，集监控、定位、报警、设备管理及调度于一体的数据通信服务整体解决方案。

1. 整体架构

该平台采用灵活可扩展的 C/S 平台架构，与电网系统横向的监管平台实现信息互联互通，平台分层架构如图 16-1 所示。

① 平台展示层：通过监管中心平台，主管领导手机 APP，维保端手持终端等，实时动态反映电网系统的运行状态，包括展示各类信息列表、统计报表、待处理通知、告警信息、巡检路径等信息，提供包括隐患上报、工单指派、维修处理结果上报等功能单元。

② 系统应用层：可以查看各监测站点监测数据，包括线塔数据、电力线路信息、气象数据等；根据监测参数指标，设置设备阈值，可支持最低值、最高值、异常变化率、异常次数等；实时监测后台传感器数据，若超过阀值，达到告警条件，则按照预先设定的提醒参数进行告警，提醒值班人员进行处理；根据不同时间段内的监测点告警情况，指挥调度工作人员进行跟踪处理；工作人员根据监控告警数据介入进行处理，并将处理结果进行记录备案。

图 16-1 天启卫星物联网国家电网智能监测平台分层架构

③ 数据处理层：根据从塔基、线路、环境等被监测对象收集的数据进行处理，通过数据分析、数据剔重、数据分析等手段，支持常见的数据挖掘和机器学习算法，对数据进行处理、存储、查询和分析存储在 Hadoop 中的大规模数据的机制。

④ 信息采集层：由包括安装在高压线塔塔身及塔基周围的数据采集终端，以及各种传感器、摄像机、主处理器单元、通信模块和供电单元构成。传感器包含倾角传感器、风速传感器、风向传感器、环境温度传感器、湿度传感器、导线温度传感器、拉力传感器等。主处理单元接收、采集和存储传感器信息、通信信息和控制信息等。

2. 涉及到的物联网技术

（1）卫星物联网通信技术

卫星物联网是以卫星网络为基础，按照卫星通信协议，将具备传感器的卫星终端物品与卫星网络相连接，进行数据和指令交互，对卫星终端物品实现智能化的识别、定位、跟踪、监控和管理。卫星物联网按约定的卫星通信协议，通过卫星通道，把传感设备获取的数据信息在卫星物联网终端与用户之间进行信息交换和通信，以实现卫星物联网终端的识别、定位、跟踪、监控和管理。

（2）传感器技术

本项目采用的架空型故障指示器是专为电网供电系统自动监控而设计的检测装置，适用于 35kV 及以下的中高压开关设备及变配电系统。用来检测线路数据，指示、传递故障信号和发送远程指示报警，还具备记忆和恢复功能。便于维护人员精确判别电力线路故障发生的区间，提高故障分析、判断的能力，以便迅速排除故障，对确保电网安全运行，提高电网供电质量起着重要作用。

（3）LoRa 通信技术

本项目使用 LoRa 通信技术组建局域网来收集多个传感器数据，LoRa 具有功耗低、传输距离远、组网灵活等诸多特性，与物联网碎片化、低成本、大连接的需求十分的契合。

3. 技术路线

天启卫星物联网系统是由空间段、地面段和用户段三部分组成。空间系统主要是由 38 颗 DCS 卫星、构成天启卫星的星座以及 DCS 载荷系统组成，实现全球覆盖。国电高科在若干个轨道平面上布置了 38 颗卫星，由通信链路将多个轨道平面上的卫星联结起来。整个星座如同结构上连成一体的大型平台，在地球表面形成了蜂窝状小服务区，服务区内的用户至少被一颗卫星覆盖，用户可以随时接入系统。天启卫星物联网系统主要由以下几个单元构成。

（1）数据采集单元

通过电力行业专用的故障指示器采集输电线路的短路、接地、温度超限、线路上电、线路停电、负荷电流等信息。

（2）数据收集单元

数据采集设备与数据收集单元之间通过 LoRa 技术进行数据传递，接收到数据后进行初步处理，转换为标准格式文件。

（3）数据传输单元

数据收集单元与天启卫星物联网终端进行连接，当卫星过顶时，将采集到的监控数据标准格式文件进行加密后上传至卫星数据存储单元；天启卫星经过地面测控站接收范围时，将收集到的数据下发至测控站，然后通过数据专线将数据发送到大数据处理平台。

（4）数据处理单元

数据传送到天启物联网数据中心后，首先对数据文件进行有效性检查，剔除校验失败数据，然后对数据进行格式化处理，将不同类型、不同结构的数据转化为标准格式数据文件。根据标准格式数据文件中的关键位置数据进行识别，匹配相应的解析协议，提取有效数据。根据数据格式协议解析后进行数据入库操作。

（5）数据展示单元

数据展示单元可对入库数据进行处理，对系统所监控的各类参数进行界面化显示。可根据用户要求定制化显示不同维度的报表数据，还可根据预置的数据模型和预警条件，结合历史数据，对入库数据进行分析比对，确认数据是否存在异常，并生成相应告警信息，根据设定的告警方式推送至告警处理人进行处理。

（三）项目创新点和实施效果

1. 项目先进性及创新点

本项目采用 LoRa 与低轨卫星物联网相结合的通信方式进行数据传输，属于国内首创，具有里程碑意义。本项目作为地面物联网的有效补充，解决了偏远、自然条件恶劣等基础运营商网络无法覆盖区域的数据传输问题。卫星物联网相对于基础运营商网络，具有以下优点：

① 覆盖地域广，可实现全球覆盖，传感器的布设几乎不受空间限制。

② 几乎不受天气、地理条件影响，可全天时全天候工作。

③ 系统抗毁性强，自然灾害、突发事件等紧急情况下依旧能够正常工作。

2. 实施效果

① 替代了线路现场人工目测的传统巡检方式，提高了巡检效率，降低了人工工作强度，同时有效避免巡检盲区的存在。

② 针对地形复杂、环境复杂、气候复杂、工作量庞大、高空作业危险性大等恶劣环境，减少了人工巡检可能导致的种种危险，真正做到了以人为本。

③ 监测数据可以实时回传至数据中心，满足现代化大电网的发展要求。

III

消费篇

案例17：移动智能个人健康监测管理系统

新型医疗健康服务全方位解决方案
——普天数字健康城市科技有限公司

（一）项目概况

移动智能个人健康监测管理系统，运用移动互联网、物联网等新一代信息技术，通过智能可穿戴设备系统，针对慢病筛查与评估、个人运动健康管理、重点人群健康防护等应用场景，突破了传统健康监测的局限性，使患者在任何时间、任何地点都能获得监护，提高生命体征监测数据的准确性，实现对人体生命体征及其他身体状态进行实时、可靠监测，并对异常状态实现报警，从而能够便利、高效、安全地为患者提供生命体征监测、健康管理、辅助诊断、健康预警等新型医疗健康服务。

1. 项目背景

随着国民整体生活水平不断提高，以及对个人健康的日益关注，健康、运动与医疗市场需求大增。据统计，目前我国慢病患者已超过2.6亿，慢性病导致死亡的人数已经占中国总死亡人数的85%，中国45%的慢性病患者死于70岁之前，因慢性病过早死亡的人数占早死亡总人数的75%。60岁以上老龄人口约计2.5亿，65岁以上的老龄人口约计1.7亿，老年人慢性病患病比例高达70%，同时患有多种慢性病的现象广泛存在。保障民众健康的现有模式正面临着新问题、新挑战，慢性病高发、运动不足等已经取代了传染病，成为危害民众健康的严重问题。

近年来，我国医疗卫生事业发展迅速，但仍然存在公共卫生医疗资源总量不足、优质医疗资源分布不均以及预防与监测重大疾病的有效监控体系不够健全等问题。目前，高血压、冠心病及糖尿病等慢性常见多发病的发生率呈逐年上升趋势，而许多患者因地域条件所限，发现不及时、治疗不得当而延误诊治。"健康中国2030"规划明确提出，要规范和推动"互联网＋健康医疗"服务。鼓励医疗机构应用互联网等信息技术拓展医疗服务空间和内容，构建覆盖诊前、诊中、诊后的线上线下一体化医疗服务模式。医疗联合体要积极运用互联网技术，加快实现医疗资源上下贯通、信息互通共享、业务高效协同，便捷开展预约诊疗、双向转诊、远程医疗等服务，推进"基层检查、上级诊断"，推动构建有序的分级诊疗格局，推动居民电子健康档案在线查询和规范使用。以高血压、糖尿病等为重点，加强老年慢性病在线服务管理。鼓励医疗卫生机构与互联网企业合作，加强区域医疗卫生信息资源整合，探索运用人群流动、气候变化等大数据技术分析手段，预测疾病流行趋势，加强对传染病等疾病的智能监测，提高重大疾病防控和突发公共卫生事件应对能力。

充分运用移动互联网、物联网、人工智能等新一代信息技术手段，针对慢性病筛查与评估、个人运动健康管理、重点人群健康防护等应用场景，突破传统健康监测的局限性，为患者提供实时、安全、可靠、便捷的健康监测、健康管理等新型医疗健康服务迫在眉睫。

2. 项目简介

传统的健康管理是结合客观的生理体征和医学专家的个人实践经验，对于生命体征类似的用户使用相同的干预方法，但效果却千差万别。随着世界信息化技术的发展，传感器技术、移动通信技术和物联网技术日趋成熟，使得人体生命体征信息实时监测和对患者实时远程诊疗指导成为可能。

本项目通过运用先进的传感器技术、移动通信技术和物联网技术，通过穿戴式智能健康监测设备系统，实时监测佩戴者的生命体征数据，对健康管理、辅助诊疗、疾病预警等提供技术支撑手段。

3. 项目目标

围绕慢病筛查与评估、个人运动健康管理、重点人群健康防护等典型应用场景，运用移动互联网、物联网等新一代信息技术，通过智能可穿戴终端设备和系统，突破传统健康监测的局限性，有效开展移动智能个人移动健康监测管理，随时随地为患者提供实时、安全、可靠和便捷的健康监测与预警、健康管理、健康资讯等新型医疗健康服务。

（二）项目方案

本项目运用基于微传感器的穿戴式智能健康监测设备，采集佩戴者的心电、血压、体温、脉搏等重要生命体征信息，发送至云平台数据中心进行存储、分析和深度挖掘，一旦发现监测对象健康指标异常将进行健康预警。佩戴者可以在用户端查看自己的健康数据，医生端可以通过远程浏览患者健康数据，开展辅助诊断、健康咨询和远程指导等工作。

1. 整体架构

移动智能个人健康监测管理系统包括终端设备感知层、网络层、业务支撑系统和数据支撑系统平台层以及智慧健康服务应用层，整体架构图如图 17-1 所示。

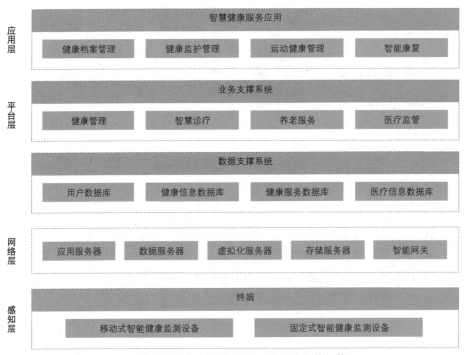

图 17-1　移动智能个人健康监测管理系统整体架构图

（1）感知层

感知层主要指接入健康管理服务平台的各种终端，包括移动式健康监测设备、固定式健康监测设备和移动智能终端，主要用于人体的生命体征数据采集、数据上传、定位等。

（2）网络层

网络层由网络连接设备和服务器等组成，是整个系统平稳运行的基础，要求具备安全性和可靠性。

（3）平台层

平台层是整个系统的业务和数据支撑，存储了用户、健康信息、业务等数据，提供了各类服务的后台业务支撑系统。其中健康管理系统提供对用户的健康状况及影响因素进行全面监测、评估、干预的功能；服务监管系统为政府部门提供综合监管、数据统计分析，服务商资格审批功能；养老服务系统集成了运营商、服务商、供应商管理等功能；远程培训系统面向机构或个人提供健康知识培训或服务培训；运维管理系统用于系统各项参数、权限的查看及管理，各类可接入平台的设备的管理；业务管理系统用于各类业务的开设、订购、签约、取消、统计等。

（4）应用层

应用层面向终端用户，是使用和推广各项服务的平台。终端用户通过移动式或固定式智能健康监测设备应用 APP 接入到智能健康管理服务平台，获得健康监护管理、健康档案管理、运动健康管理、智能康复等健康服务，实现对健康状况的随时、随地和实时的监控、预测、预警、有效干预和效果评估等新型医疗健康服务。

2. 涉及到的物联网技术

可穿戴式设备的核心是传感器，主要涉及生物传感器、运动传感器和环境传感器。运动传感器包含加速度传感器、地磁传感器、陀螺仪、大气压传感器等。它早已普遍地应用于各种可穿戴式设备和智能手机中，以实现检测横竖屏、计步器；双击应用（智能手机双击唤醒屏幕，智能手环或手表双击启动应用程序）、震动检测、手势识别等；生物传感器主要有心率传感器、血压传感器、血糖传感器、体温传感器等，用于采集人体生理信号，主要实现用户身体状况、病情的监测并及时报警，降低用户患病的概率；环境传感器主要包括气压传感器、温度传感器、湿度传感器、紫外线传感器、PH 值传感器、环境光传感器、颗粒传感器等。

3. 技术路线

本项目实现的技术路线主要是数据采集、数据上传、数据管理、数据反馈。技术路线图如图 17-2 所示。

图 17-2　移动智能个人健康监测管理系统技术路线图

可穿戴健康监测设备可对血糖、血压、血氧饱和度、心率和脉率、尿常规、血红蛋白等人体生命指征等健康监测数据进行数据采集，并支持 WLAN、蓝牙、USB 等通信方式。可穿戴健康监测设备将采集的数据上传云端智能健康数据管理云平台，由系统监护软件自动储存、分析、预警。云端智能健康数据管理云平台将用户的健康监测数据、医生诊治信息等作为数字化电子健康档案存储在数据中心，供医生、用户等随时随地通过网络远程访问、调用、会诊使用。医疗专家通过云平台将诊断方案回馈给用户，以供用户决策使用。用户也可随时查阅自己的健康档案数据。

通过运用精准健康管理技术，将健康管理理论与数据技术相结合，根据健康数据间的内部组成关系和潜在逻辑关系进行数据信息流式分析和挖掘，在日常数据增量过程中通过用户采集数据阈值对比与增量过程统计的方式，对用户的健康状态进行预警值守，及时发现对象健康异常情况。一旦出现异常情况，系统会推送相应报警提示，终端用户通过智能手机应用和微信小程序可以随时查看健康监测数据和预警信息等。针对高血压、冠心病等人群常见疾病学习集样本与病患指标，在增量过程中对个体对象的对应指标进行特征抽取，与样本进行对比分析，推断当前用户病患的发生与发展趋势，满足对健康管理流程科学分析和精细管理的需求，实现对健康状况的监控、预测、预警、有效干预和效果评估。

（三）项目创新点和实施效果

1. 项目先进性及创新点

移动智能个人健康监测管理系统的先进性体现在以下三个方面。

① 实时动态监测患者或特定人群的健康状况。采用可穿戴设计，一个设备就可以监测几个重要指标，穿戴舒适。

② 移动应用，随时随地呵护健康。采用微信小程序，简单易用，无需复杂安装程序。具备异常告警、健康提示、睡眠状态分析等功能。

③ 可穿戴指环产品为注册二类医疗器械，临床机构验证，值得信任。

2. 实施效果

2020 年新冠肺炎疫情爆发，在疫情防控过程中，远程医疗和互联网诊疗发挥了重要作用。中国普天积极响应党中央号召，为武汉方舱医院捐赠的新冠疫情防控医护人员健康智能监测系统解决方案，为医护管理人员提供移动智能个人健康监测服务，实时监测特定人群的血氧饱和度、心率、运动等人体生命体征和健康信息，并进行健康分析和预警，建立健康监测数据库，开展疫情防控远程辅助决策与分析预警及其他功能，有重要信息及时提醒医务人员，为保障医护管理人员安全提供信息技术支撑。

案例 18：基于物联网和 AI 技术的智慧养老解决方案

用物联网和 AI 技术温暖老人的晚年生活

——腾讯科技（深圳）有限公司

（一）项目概况

腾讯针对养老护理院的老年人看护需求，开展了全方位的守护技术研发，根据不同养老院的环境、应用需求等实际情况提供可定制的智慧养老院解决方案，包括老年人跌倒检测、禁区告警、老人定位等服务，全面支撑养老护理场景。

1. 项目背景

随着社会经济的发展和生活水平的提高，老年人口对生活服务、生活照料以及精神慰藉等方面提出了更高、更强烈的需求，提高养老水平成为一项社会难题。

① 空巢、独居率高达 48.9%，养老需求高涨。老年人有两怕：一怕失能、半失能、空巢，二怕生病。当下老年人需要更多的悉心照料以及专业的护理服务，衍生出各种各样的养老服务需求。

② 传统养老服务发展滞后，难以维持。我国养老服务业还处于发展初期，养老机构发展滞后，存在着服务能力不足、专业护理人员缺乏、难于可持续发展等一系列问题。养老服务只能更多地依赖于社会、社区。

③ 老年人口消费能力提升，对养老服务的专业性要求更高。2014—2050年期间，中国老年人口的消费潜力将从 4 万亿左右增长到 106 万亿左右，GDP占比将从 8% 左右增长到 33% 左右，老龄产业将逐渐进入到快速发展阶段，迎来老龄产业发展黄金期。同时，政府多次发文规划养老产业，并出台各种优惠政策及补贴政策，要求加快智能化养老发展。

2. 项目简介

深圳市养老护理院联合腾讯微瓴团队的安全平台部联合打造智慧养老平台，通过物联网实现智慧养老，助力改善养老服务体验，提升了养老机构的专业服务能力，通过不断的实践和改建，社会养老难题得到有效改善。

3. 项目目标

腾讯智慧养老解决方案帮助深圳市养老护理院解决了老人跌倒、走失等护理难题，提升了养老院的环境安全，使老年人在养老院的生活得到了更好的安全保障。

（二）项目方案

1. 整体架构

腾讯智慧养老解决方案架构图如图 18-1 所示，包括感知层、平台层、应用层和运维与标准体系 4 个方面。其中，感知层包括了各种前端感知设备和接入模式；平台层包括了基础设施（底层计算、服务、网络等资源）、平台安全（包括应用安全、数据安全等安全能力）、微瓴物联平台（包括数据中心和各种物联服务）、API 网关（支持各种 API 接入和管理），以及整体的运维和标准体系，服务于整个解决方案的落地和规范实施。

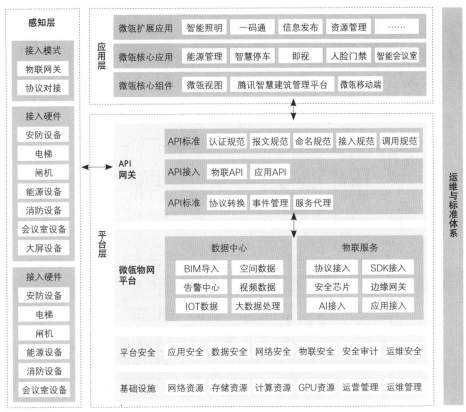

图 18-1　腾讯智慧养老解决方案架构图

135

2.涉及到的物联网技术

腾讯智慧养老解决方案中的物联网连接覆盖领域广，既可以接入各种硬件、传感器等设备，又可以对接 Web 应用、小程序、公众号、APP 等各种形式的物联网应用和系统。为方便设备和应用的接入，解决方案中采用边缘网关/视频网关/API 网关等各种类型的边缘设备，将其作为物联设备数据的集散中心，根据使用场景和业务逻辑组合优化建筑空间、设施系统和应用服务，采用大数据、地图信息、人工智能、物联网安全等相关技术，依托于云端强大的服务能力挖掘数据价值，通过设备数字化、智能分析、事件告警、多系统联动等方式实现建筑场景的互联互通与高效协同。

3.技术路线

（1）系统架构

系统架构自下而上可分为数据采集层、微瓴平台层、基础服务层、应用系统层。系统拓扑图如图 18-2 所示，系统划分逻辑如下。

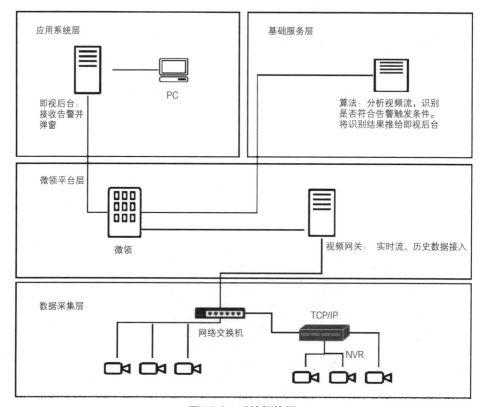

图 18-2　系统拓扑图

① 数据采集层：主要包括所有主动或被动提供基础数据的模块和设备。整个解决方案都需要基于该层的设备和模块的数据进行处理和实现。

② 微瓴平台层：微瓴平台向下对接数据、向上对接系统应用，集成了接口API、各模块的管理、权限控制、数据推送、数据通道等功能。

③ 基础服务层：基于微瓴平台提供的数据和API，提供增值化的数据分析服务。包括监控分析、视频浓缩、火灾检测、地图等。

④ 应用系统层：最终呈现给用户使用的功能在应用系统层中设计和实现。该层可以直接基于微瓴平台的数据和API，也可以结合基础服务层所提供的服务实现相应的功能。

（2）功能展示

① 跌倒分析

功能介绍：分析无陪护的老年人行走行为是否正常，当老年人发生跌倒时，视频AI算法可以第一时间识别出来并通知医护人员，充分利用黄金抢救时间。

应用场景：养老院等老人居住活动的场所。

跌倒分析功能展示图如图18-3所示。

图18-3　跌倒分析功能展示图

② 禁区检测

功能介绍：在养老院中划定一块区域，当有老年人进入时可发出预警信号，即告警弹窗，通知安保人员进行处理。

应用场景：养老院中的重点关注场所，避免老年人员随便进入的危险区域。

禁区检测功能展示图如图18-4所示。

图 18-4　禁区检测功能展示图

③ 老年人行踪跨镜分析

功能介绍：分析目标老人在多个摄像机中出现的画面，并将目标老人的历史行动轨迹串联成一个路线。

应用场景：在养老院的关键出入口，发生事件时需要查找某人的行动记录时即可迅速查找到。

（三）项目创新点和实施效果

1. 项目先进性及创新点

脱离现有养老院对老年人的护理模式，结合物联网和 AI 技术，通过 AI 视频分析算法，快速发现安全隐患，提升养老院的安全等级，查找并还原目标老年人的行动轨迹，防止老人走失，及时发现老人是否发生跌倒等。项目创新点如下。

① 被动存录升级为主动预防：通过禁区检测、跌倒检测等 AI 视频分析，在场域检测过程中实时识别老年人活动危险的关键事件，从被动视频记录转变为养老院的主动场景安全检测，提升风险发现能力并缩短风险反馈时间。

② 事后追溯效率提升：通过 AI 算法对视频画面的精确分析实现视频浓缩、失物追踪、跨屏追踪等功能，有利于快速定位事件及目标人员，提升应急处理的效率和有效性。

③ 快速部署：相较于传统的视频监控系统部署方式，腾讯即视 AI 算法独立部署，可根据场景中实际痛点进行灵活组合算法服务，快速落地。

④ 安全可靠有保障：通过接入腾讯天幕网络入侵防护系统，在网络层提

供旁路实时流量威胁检测和阻断率高达 99.99% 的实时阻断，为系统的网络安全和数据安全提供强有力保障。

2. 实施效果

2018 年 12 月 26 日深圳市养老护理院（见图 18-5）是深圳市市级养老项目，地处南山区西丽桃源片区塘朗山脚下，占地面积 1 万平方米，建筑面积近 4 万平方米，共设置养老床位 800 张。

图 18-5 深圳市养老护理院实施点

2019 年腾讯微瓴安全平台部联合深圳市护理院合作搭建智慧养老服务网，建立智慧养老服务平台 – 腾讯即视。腾讯即视通过 AI 视频分析实时识别老年人活动危险关键事件，尤其是跌倒检测，比如老人白天在活动室或餐厅走动频繁，如果老人因自身疾病引起瞬间跌倒，一旦发生跌倒危险事件，智慧养老服务平台及时推送跌倒实时告警、准确位置及清晰的跌倒画面，医护人员可以第一时间奔赴现场处理，争取了最佳的生命抢救时间。

深圳市将大力推进养老事业发展，预计 2020 年全面建立"养老 1336 服务体系"，增强老年人的获得感和幸福感。

深圳养老服务体系规划：

➢ 搭建智慧养老服务网；
➢ 发挥政府、市场、社会公益 3 种力量；
➢ 提供政府基本保障、居家社区联动、机构养老 3 种服务；
➢ 构建市 – 区 – 街道 – 社区 – 站点 – 家庭 6 个养老服务层级。

案例 19：全场景多协议接入的融合智能家居系统

智能家居，更智能更懂生活

——四川长虹电器股份有限公司

（一）项目概况

智能家居系统采用 NB-IoT、ZigBee3.0、Wi-Fi 无线通信技术，组建家庭物联网，将与家居生活有关的各个子设备有机结合，通过网络化综合智能控制和管理，实现智慧生活全场景覆盖。兼顾语音交互、定时开启、场景联动、远程管理、信息反馈。智能家居并不是简单家居单品的组合，也不是智能子系统的简单集成，二是基于庞杂的人工智能（AI）运算，通过所有智能家居设备彼此之间的互联互通，为用户打造全场景智能家居生活新体验。

1. 项目背景

当前，随着计算机技术、物联网技术、传感器技术的发展，以及人民生活水平的不断提高，传统的手工管理、有线控制技术难以满足人们对家居生活操作的便捷性和高效性要求，当前的家居管理用户青睐于智能的监控技术和无线化设计的控制系统，本项目是在这样的背景下，为满足用户的需求而诞生的。

2. 项目简介

本项目是基于 NB-IoT、ZigBee3.0、Wi-Fi 协议，完成一套智能家居系统。该系统包括智能家居云端服务器、智能家居手机应用和各个智能设备。通过这套智能家居系统，实现对家居环境的安全健康、智能控制、排程控制等。给用户带来更安全、更便捷的生活体验。

3. 项目目标

本项目的目标是要完成端到端的智能家居应用系统,其由智能家居功能（包括智能插座、红外人体检测器、水浸检测器、门磁检测器等）、通信网关、智能家居业务管理平台、应用客户端组成，同步完成智能家居标准化管控协议，并对外开放支持第三方设备的接入。为客户提供完整的智能家居系统解决方案。

（二）项目方案

本项目采用云管端的结构，终端设备利用传感器技术采集家居环境信息或操作指令，通过物联网无线通信协议 ZigBee 网关或 Wi-Fi，与云端服务器通信。通过云端服务器将设备情况信息发给用户手机，用户可以在任何时间和地点，及时收到安防报警信息或者了解家居情况。同时用户也可以通过手机应用对设备进行远程或智能控制。另外，该家居系统支持语音控制，可以通过 Google Assistant、Amazon Alexa 对家居设备进行语音控制。

1. 整体架构

智能家居系统包含三部分：终端设备、云服务和客户端，其中设备包括 NB 单品系列、Wi-Fi 单品系列（不需要网关）和 ZigBee3.0 网关和外设。智能家居系统框图如图 19-1 所示。

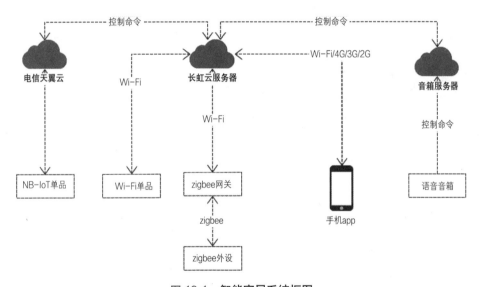

图 19-1　智能家居系统框图

各个模块的具体功能说明，如表 19-1 所示。

设备清单列表如表 19-2 所示。

部分设备功能如下。

① Wi-Fi 智能插座：支持 Wi-Fi 协议，用户可以通过 APP 对插座进行远程开关、定时控制和联动控制等，并通过简单的图形表示随时检查设备的能源使用情况，可根据需要定制控制逻辑，避免能源浪费。具有过载保护机制。检测

到过载时，将自动关闭电源以确保安全；插座支持国标、美标、欧标和澳标标准并通过其对应的安全认证，可以通过 google assistant 或者 amazon echo 进行控制。

表 19-1　系统模块列表

智能家居系统	终端设备	Wi-Fi 单品系列
		ZigBee 3.0 网关和外设
		NB 单品系列
	云服务	① 部署在联通云。 ② 与 google 语音对接，支持 google assistant 语音控制。 ③ 与 amazon 语音对接，支持 amazon echo 语音控制
	客户端	Android 版本
		iOS 版本

表 19-2　终端设备清单

名　称	产　品	备　注
Wi-Fi 单品系列	水浸传感器	安防 Wi-Fi 单品
	智能插座	支持功率检测
ZigBee3.0家居系统	ZigBee3.0 智能网关	ZigBee 家居系统的核心设备
	智能插座	ZigBee 节点设备
	红外人体传感器	
	门磁传感器	
	水浸传感器	
	烟雾传感器	外部集成标准设备
	紧急按钮	
	声光报警	
	开关面板（一控，二控和三控）	
NB-IoT 单品	烟雾传感器	外部集成
	门磁	对接电信云
	人体红外传感器	对接电信云

② Wi-Fi 水浸传感器：水浸传感器是基于 Wi-Fi 和电池供电的传感器，可以检测难以观察的地方的漏水情况，一旦发生漏水，设备会本地报警和手机 APP 报警，让您免受潜在的漏水损失。该设备的防水性能达到 IP67，即使在水中也能正常工作。

③ ZigBee 智能网关：用于组建和管理家庭智能化网络。通过无线对方式

与智能外设进行数据交互，是监控和控制各种智能外设的中央单元，用户通过智能网关及云平台，实现对外围智能设备的管理、调度、远程控制和联动需求等，如对烟雾传感器、智能开关、智能电源插头和智能门锁等进行管理和控制。

④烟雾传感器：用于检测空气中烟雾离子的浓度，一旦超过安全阈值，就会联动本地声光报警器报警，并立即向手机推送消息，降低事故风险。

⑤门磁传感器：当门窗被强制打开时，立即发送报警信息到手机，提示用户及时处理，从而有效防止可能出现的财产损失和人身伤害；易于安装，无线传输。

⑥红外人体传感器：用于检测安装区域内是否有非法闯入。当探测范围内有非法入侵，报警信息将立即传送至手机，并可以与其他设备联动，实现多重保护。

2. 涉及到的物联网技术

（1）NB-IoT 技术

智能家居系统使用 NB-IoT 网络作为家居产品的通信信道，完成设备的状态上报和控制，完全满足家居产品业务数据小数据量、低功耗、低频次通信的技术特点。同时可以使家居产品不依赖网关做组网，避免部署受限。

（2）ZigBee3.0 技术

智能家居系统使用 ZigBee3.0 作为外围设备与中心网关的组网连接通信方式，充分利用 ZigBee 通信技术穿透力强、低功耗、设备接入量大的特点，满足智能家居设备的组网需求，同时 Mesh 组网功能实现网络的大范围路由覆盖。

（3）传感器技术

智能家居各设备分别使用了 PIR、干簧管、温湿度传感器、光学传感器、气体传感器、触点、功率计等多种传感器，通过自研传感器应用算法，实现了传感信息的侦测接入，并通过对传感器的休眠唤醒策略等综合应用，最终实现了快速、高效、功耗经济的传感器应用模型，在此基础上对各传感器进行融合应用，开发出多款复合型传感家居设备，体现了产品的差异化。

3. 技术路线

智慧家居系统研发需要关注用户实际需求，提供快速、灵活的通信组网以及安全、可靠的云服务。智慧家居系统技术路线如图 19-2 所示。

智慧家居系统研发首先要满足用户对智慧家居的实际需求，提升家居安全性、便利性、舒适性。本项目主要提供智能插座、烟雾报警、水浸报警、入侵报警等服务。

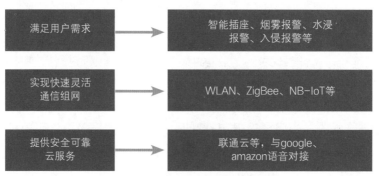

图 19-2　智能家居系统技术路线图

其次，需要确定适合的通信组网方式，实现快速灵活通信组网。通常而言，有无线模式和有线模式两大方向，传统有线方式具有稳定性强、抗干扰能力强的优势，但其最大的不足在于安装工作量大、工期长、费用高，特别是存量市场二次装修代价大。比较而言，无线通信能满足绝大部分应用场景的需求，具备安装简易、调试迅速、即插即用等特点，特别是最新的 ZigBee3.0 局域通信协议，具备 Mesh 自组网功能，可以解决传统星状网络连接距离有限、网络无法延伸扩展的弊端。基于综合场景考虑，系统选择通信网关 + 智能外设的基本组网结构，通过 ZigBee 通信协议做外设对网关的接入，网关选择 Wi-Fi 作为上行数据通信方式，可以和家庭 WiFi 网络做快速的无缝对接。

最后，需要提供安全可靠的云服务，实现用户数据隐私保护，支持多方语音识别系统。

（三）项目创新点和实施效果

1. 项目先进性及创新点

基于稳定连接、超长工作的基本产品要求，本项目的主要创新点如下。

（1）基于 SoC 片上系统能耗管控的低功耗技术

针对智能家居产品普遍采用电池供电的现状，为了满足严格的功耗管控要求，本项目提出了面向 SoC 系统的低功耗管控技术，通过严格定义应用的休眠和工作状态切换，对通信模块、传感模块等进行严格的工作时间片管控，制订科学的硬件元器件选型规则，从软硬件多维度实现功耗的有效管控，其功耗同比降低 30%。

（2）智能自组网高安全分布式 Mesh 组网技术

采用无线连接方式实现 AP、节点外设之间的访问互联，实现无线设备的网状部署和分布，将传统无线网络中的无线"热点"扩展为真正大面积覆盖的无线"热区"，本技术会涉及多信道协商、信道分配、网络发现、路由转发、Mesh 安全等技术要素，同时自配置能力简化了网络的管理维护，自愈合使设备具备自动发现和动态路由连接，消除单点故障对业务的影响，提供冗余路径，Mesh 网络中信号能够避开障碍物的干扰，使信号传送畅通无阻，消除盲区，提高网络中 Router 和外设的利用率。

2. 实施效果

本项目定位于电信运营商及家装类市场，基于 2B 模式进行业务推广，通过建立统一的业务平台和传输协议，为 B 端客户建立智能家居业务生态体系，发展终端客户，从根本上带动客户的配套业务的推广落地。在电信运营商市场，智能家居硬件终端的年均销售收益可达 60 亿，增值收益可达 13 亿。